CARL AUER
LebensLust

Rolf Arnold

Wie man führt, ohne zu dominieren

29 Regeln für ein kluges Leadership

2012

Umschlaggestaltung: Uwe Göbel
Satz: Verlagsservice Hegele, Heiligkreuzsteinach
Printed in Germany
Druck und Bindung: Freiburger Graphische Betriebe, www.fgb.de

Erste Auflage, 2012
ISBN 978-3-89670-833-5

Bibliografische Information der Deutschen Nationalbibliothek:
Die Deutsche Nationalbibliothek verzeichnet diese Publikation in der Deutschen Nationalbibliografie; detaillierte bibliografische Daten sind im Internet über http://dnb.ddb.de abrufbar.

Carl-Auer Verlag
Vangerowstraße 14
69115 Heidelberg
Tel. 0 62 21-64 38 0
Fax 0 62 21-64 38 22
info@carl-auer.de

Inhalt

Vorwort

»Führen« ist ein ungeliebtes Wort. Es ist insbesondere im deutschsprachigen Raum historisch problematisch. Das gilt für alle mit diesem Wort zusammenhängenden Begriffe wie »Führer«, »Führung«, »Geführtwerden« etc. Wir verwenden diese Worte nicht oder nur ungern, da sie unangenehme Erinnerungen wecken und das Bild einer rücksichtslos dominanten Kultur mit all ihren Grausamkeiten und Unmenschlichkeiten, in der die Menschen zu passiven Befehlsempfängern wurden, wieder entstehen lassen. Die Worte selbst können nichts für die Erinnerungen, die sie wachrufen, und doch sind sie kontaminiert oder gar verbraucht. Doch indem wir den Begriff »Führung« meiden und uns sprachlich zurückhalten, werden wir sprach*los*. Dies ist verhängnisvoll, da es das Phänomen der Führung sehr wohl gibt. Wir reden dann von Vorgesetztem, Teamleiter usw., ohne uns wirklich auf den Prozess der Führung zu beziehen, die stets beides zugleich ist: orientierende Perspektive *und* Machtanwendung.

Sprachlosigkeit droht dabei zur Gedankenlosigkeit zu führen. Es spricht vieles dafür, dass die kollektive Begriffslosigkeit auch dafür (mit) verantwortlich ist, dass wir oft nicht wissen, was wir tun, wenn wir uns darum bemühen, einen Führungsanspruch wahrzunehmen und unsere Ziele in der Kooperation mit anderen umzusetzen. Was wir dabei erleben, lässt sich durch einen abgewandelten Satz von Jean Paul Sartre verdeutlichen, der einmal sagte: »Dass mir die Führung[1] entgleitet, liegt nicht daran, dass ich sie nicht mache, sondern daran, dass der andere sie auch macht!« (Sartre 1960, S. 123). Führung ist demnach stets

1 bei Sartre: »Geschichte«

Interaktion und somit auch darauf angewiesen, dass der andere kooperiert, sich beteiligt und auch zur Selbstreflexion und zum Nachgeben in der Lage ist. Die Wirksamkeit von Führung hängt demnach von dem Verhalten der Führungskräfte und der Mitarbeiter gleichermaßen ab – will man nicht irgendwelchen Machbarkeitsparolen folgen, die oft martialisch klingen, aber wenig nutzen.

Führungsprobleme sind oft darauf zurückzuführen, dass diese Interaktion gestört ist und die Beteiligten sich unterschiedliche Vorstellungen von ihren Rollen, Zuständigkeiten oder auch der Richtung machen, in die es gehen soll. Führung versagt deshalb immer und immer wieder dann, wenn es keine geteilten Überzeugungen zu den genannten Punkten gibt. Und Führung »entgleitet« häufig auch dann, wenn der andere sich nicht überzeugen lässt und trotzdem den getroffenen Entscheidungen Folge leisten soll. Es ist diese Widerständigkeit der anderen, an der selbst die engagierteste Umsetzung neuester Führungskonzepte und -vorschläge (vgl. Neubarth 2011; Mahlmann 2011; Happich 2011) oft wirkungslos verpufft.

Während eines Führungskräfteworkshops berichtete ein jüngerer Abteilungsleiter über seine oft wirkungslosen Bemühungen: »Irgendwie muss ich richtig darum buhlen, dass die Menschen in meiner Abteilung das auch gut finden, was ich von ihnen verlange. In den Besprechungen bin ich es manchmal, der begründen muss, warum ein bestimmter Schritt, den die Unternehmensleitung von mir erwartet oder den ich vorschlage, auch wirklich notwendig ist. Das empfinde ich als mühsam und auch anmaßend von den anderen. Schließlich bin ich es, der den Kopf dafür hinhalten muss, dass wir die Erwartungen erfüllen. Einmal habe ich auf den Tisch gehauen und gesagt, dass ich mir diese Dauerhinterfragungen in Zukunft nicht mehr länger gefallen lassen würde – eine Aktion, die meine Position eher geschwächt als gestärkt hat. Ehrlich: Mir macht Führung keinen Spaß mehr.«

Sicherlich: Führung setzt Führungskompetenzen auf der Seite der Chefs voraus. Sie bedarf aber zugleich auch der Legitimation. Dabei ist zu beobachten, dass die Kraft der äußeren Legitimation durch Ernennung oder Berufung in eine Führungsposition nachlässt. Mitarbeiter erwarten nicht bloß, dass die Führungskräfte ihre Arbeit »gut« machen, sie sind auch immer häufiger der Auffassung, dass sie selbst es besser könnten. So wusste der amerikanische Soziologe Richard Sennett im März 2011 in seinem Vortrag zur Eröffnung des Hauses der Kulturen in Berlin davon zu berichten, dass die Hälfte der Beschäftigten der Ansicht ist, dass sie die Arbeit ihrer Vorgesetzten besser erledigen könnten als diese selbst (Sennett 2011, S. 56). Dieses Misstrauen gegenüber den Fähigkeiten der Chefs ist kein Randphänomen. Und es ist auch wenig hilfreich, darüber zu streiten, ob solche Einschätzungen nüchtern und zutreffend oder bloß anmaßend seien. Entscheidend ist etwas anderes:

Chefs müssen heute mit der Hinterfragung ihrer Kompetenzen und der Hinterfragung ihres Führungsanspruchs rechnen. Sie müssen sich also um die Glaubwürdigkeit ihres Führungshandelns bemühen. Und glaubwürdig ist ein Führungshandeln, welches auch und gerade in schwierigen Entscheidungssituationen weiß, was zu tun ist.

Ein »kluges Leadership« weiß um die Notwendigkeit, Führungsansprüche und Führungsentscheidungen immer wieder neu zu legitimieren. Dafür ist es erforderlich, dass Führungskräfte selbst über einen klaren und in Zielen verbindlich vereinbarten Führungsauftrag verfügen. Dies allein ist jedoch noch keine Garantie dafür, dass Leadership wirklich gelingt. Notwendig ist vielmehr die Fähigkeit von Führungskräften, Beziehungen gestalten und Teams entwickeln zu können, aber auch Konflikte austragen und Dissens managen zu können. Eine solche Führung wird durch die eigene Person dargebracht. Daher vermag die Persönlichkeit des Vorgesetzten, Managers oder Direktors die Grundlage dafür zu liefern, dass man den Führungskräften ihren Führungsanspruch »abnimmt« und dass ihr Handeln im Gegenüber eine Resonanz zu entfalten vermag.

Machtausübung, Kontrolle und Ermahnung sind zwar unmittelbar wirksame, aber keine dauerhaft Synergie stiftenden Ausdrucksformen erfolgreicher Führung. Diese »lebt« vielmehr davon, dass Führungskräfte in der Lage sind, etwas zu bewirken, was nur das Gegenüber hervorzubringen in der Lage ist – nämlich Vertrauen, Zutrauen und Kooperation. In diesem Sinne stellt auch der Hirnforscher Gerald Hüther fest:

> »Man kann niemanden von außen begeistern, höchstens für kurze Zeit. Die Begeisterung muss von innen kommen, als eigenes inneres Motiv« (Hüther 2011b, S. 46).

Kluge Führung ist deshalb mittelbare Führung. Sie fördert Kontexte, gestaltet Beziehungen, schafft »Spirit« und greift nur selten zu Machtworten oder gar Machtmitteln, obgleich sie diese kennt und ebenfalls zu handhaben weiß. Doch kluge Führung weiß auch, dass sie immer, wenn sie zu den alten Mitteln der Machtanwendung greift, eigentlich bereits versagt hat – denn dann ist es ihr nicht gelungen, die notwendige Resonanz in möglichst allen Mitarbeitenden auszulösen.

Kluge Führung ist die permanente Gestaltung einer paradoxen Konstellation: Sie kann Resonanz, Aufgeschlossenheit und Kooperationsbereitschaft im Gegenüber zwar nicht erzeugen, ist aber dafür verantwortlich, dass sich diese systemische Öffnung vollziehen kann und auch vollzieht.

Kluge Führung ist (und bleibt) somit riskant, denn Führungskräfte bewegen sich nicht in einer Welt der Wenn-dann-Gewissheiten. Diese *Unterdeterminiertheit der Führung* stellt diejenigen, die Verantwortung für »das Ganze« tragen, immer wieder neu auf die Probe. Führungskräfte müssen in der Lage sein, solche Proben zu meistern, wenn sie halten wollen, was man sich von ihnen verspricht. Dafür ist Know-how aus den Gebieten der Personal- und Teamentwicklung sowie des Projektmanagements erforderlich, aber auch Nachdenklichkeit sowie Selbsterfahrung und Selbstreflexivität.

Das vorliegende Buch bietet in »29 Regeln für ein kluges Leadership« ein Handwerkszeug für eine wirksame Gestaltung »typischer« Führungsanforderungen. Diese entstammen zum einen der Führungsforschung, sie reflektieren aber auch umfangreiche Praxiserfahrungen, die der Autor selbst während fast dreier Jahrzehnte hat sammeln dürfen – in unterschiedlichen Führungsfunktionen sowie als Berater und Supervisor komplexer Organisationen im europäischen sowie außereuropäischen Kontext. Diese eigenen Erfahrungen sind in die zahlreichen Praxisbeispiele des vorliegenden Buches eingeflossen, wurden dabei aber so verfremdet und anonymisiert, dass ihre Herkunft nicht mehr feststellbar ist. Gleichwohl bin ich den vielen Menschen, die in den letzten Jahren ihre Führungserfahrungen mit mir ausgetauscht und reflektiert haben, für ihre Offenheit und ihr Vertrauen zu tiefem Dank verpflichtet. Gleiches gilt für die Kolleginnen und Kollegen, die mich in meinen eigenen Führungsrollen in den vergangenen Jahren unterstützt, angeregt und beeinflusst haben. Von allen habe ich sehr viel lernen können, wodurch sich meine eigene Haltung als Führungskraft wandeln und vertiefen konnte.

Die vor diesem Erfahrungshintergrund formulierten 29 Regeln sind keine Rezepte – d. h., sie können, aber müssen im Einzelfall nicht wirken –, sondern beschreiben eher »Schmierstoffe«, die dazu beitragen *können*, dass Führung gelingt. Deshalb gilt auch hier, wie bei allen »Verschreibungen«: Zu Risiken und Nebenwirkungen fragen Sie den Verlag oder schreiben Sie dem Autor! Die Zahl »29« soll gleichzeitig signalisieren, dass diese Sammlung von Regeln einer »klugen Führung« weder vollständig ist noch sein will. Dadurch können Sie sich als Leser aufgefordert fühlen, Ihr eigenes Regelwerk fortzuschreiben, mit anderen zu diskutieren und weiterzuentwickeln. Denn eine kluge Führung weiß, dass sie »nicht« weiß, wie uns bereits

Sokrates (469–399 v. Chr.) lehrte. Sie weiß: Das, was uns »gewiss« zu sein scheint, unsere Deutung und Interpretation der Wirklichkeit, ist *unsere* Gewissheit. Diese leitet unser Handeln und Tun, indem wir dem uns Begegnenden spontan einen Sinn zuschreiben und dabei das Selbstgemachte unserer Interpretation meist übersehen und vergessen. Diese Selbstvergessenheit ist besonders dann sehr deutlich wirksam, wenn wir unmittelbar – unter Druck – reagieren müssen oder glauben, dies zu müssen. Diesen Eindeutigkeitsdruck, dem wir erliegen (müssen?), empfinden wir besonders in Situationen, in denen wir Verantwortung tragen, weil andere Menschen dann Eindeutigkeit, Entschlossenheit und Entscheidungen von uns verlangen. Aus diesem Grunde haben es insbesondere Führungskräfte sehr schwer, sich immer wieder vor Augen zu halten, dass sie »nicht« wissen, obgleich sie handeln müssen. Deshalb ist die folgende Forderung von Christoph Bördlein, dem bekannten Verfechter der Kunst eines skeptischen Denkens (Bördlein 2002), nicht ganz unberechtigt:

> »Ideal wäre es, wenn ein Manager es schafft, innerlich ausgiebig zu zweifeln, aber nach außen hin nichts spüren zu lassen« (zit. nach Jumpertz 2011, S. 54).

In dem vorliegenden Buch habe ich deshalb versucht, auch die Selbstgemachtheit der hier dargestellten Regeln immer wieder bewusst werden zu lassen. Ich möchte den Eindruck, hier werde universell Gültiges präsentiert, überhaupt nicht erst aufkommen lassen. Neben der Zahl 29, die das prinzipiell Unvollendbare einer Sammlung kluger Führungsregeln ausdrückt, wurde in den folgenden Regeln deshalb auch immer wieder eine Darstellungs- und Präsentationstechnik benutzt, die ersichtlich »aufgesetzt« ist, d. h. von dem beobachtenden Subjekt »Autor« selbst stammen muss, wie z. B. die Merksätze oder die in eine Akronymstruktur gefassten Impulse. Diese sind konstruiert, d. h., es »gibt« sie in dieser Form nur im Deutschen – ein Sachverhalt, der den Werkstattcharakter und die begrenzte »Gültigkeit« solcher Strukturierungen vor Augen führen soll.

Auch die zahlreichen Beispiele und Anekdoten aus der eigenen Führungsforschung und Führungspraxis werden erkennbar als selbst erlebte empirische Realität dargestellt – ohne die Anmaßung, aus ihnen universell Gültiges ableiten zu können. Denn kluge Führung ist sich der Tatsache bewusst, dass die Wirklichkeit vielfältig und kontingent ist und wir uns ihr nur über das eigene Erleben und dessen Reflexion anzunähern vermögen. Bei dieser Reflexion können wir uns allerdings von anderen, auch von Wissenschaftlern, Führungsforschern und Beratern anregen und irritieren lassen – dies die Einladung zu einer wissenschaftlichen Reflexion, die aber auch nur eine besondere Art der Reflexion darstellt.

Kluge Führung ist »selbsteinschließende« Führung[2]. Sie weiß um ihr eigenes Nichtwissen und sie kennt die Stoffe und Muster, aus denen sich ihre Gewissheit speist. Deshalb bemüht sie sich um die *Selbstreflexion* und *Selbstentwicklung* ebenso wie um die *Klarheit, Transparenz* und *Konsequenz* ihres Tuns. Kluge Führung ist ein Suchen, kein Finden. Ihre Regeln sind deshalb Suchregeln (im Sinne von »Aufforderungen zum Suchen und Probieren«), keine Finderegeln (im Sinne von »beispielhaften Illustrierungen eines Führungsmodells«).

Rolf Arnold

---

2 Diese Selbsteinschlussthese stammt von dem Hirnforscher und Konstruktivisten Francisco Varela (1946–2002), der damit auf die unhintergehbare Eingebundenheit dessen, was uns der Fall zu sein scheint, in unsere so und nicht anders beschaffene biologisch und biografisch konstituierte Erfahrung verwiesen hat – ein Impuls, der in seiner hirnphysiologischen Empirie eine starke – neue – Begründung für die durchaus nicht neuen Thesen zur Selbstfabrikation unserer Wirklichkeiten ist (vgl. Varela et al. 1992).

Regeln der Führungsklugheit

Regel 1: Zeigen Sie, wie Sie sich vergewissern, aber stiften Sie Gewissheit!

Führungskräfte sind Menschen, die Richtungen angeben, Entscheidungen treffen und Verantwortung tragen sollen. Gleichzeitig stehen Führungskräfte unter Beobachtung, andere vergleichen sich mit ihnen, und so mancher ist zu einem unbefangenen Kontakt mit seinen Vorgesetzten nicht in der Lage. Viele Führungskräfte kennen diese Einsamkeit, und sie spüren oft den offenen oder heimlichen Opportunismus des Gegenübers – lädt doch ein bevorzugter Kontakt zur Führungskraft auch dazu ein, eine mögliche Nähe zum Chef strategisch für das eigene Fortkommen zu nutzen. Manche »verfolgen« die Führungskräfte auch mit Kritik, Anfeindungen oder gar Intrigen – worin sich ähnliche Motivationen ausdrücken, die sich psychologisch bloß unterschiedlich verquer artikulieren.

»Seit ich in die Abteilungsleitung aufgestiegen bin«, so berichtete eine Softwareentwicklerin, »gehöre ich irgendwie nicht mehr dazu. Wenn ich zu meinen Kollegen in die Cafeteria komme und mich an ihren Tisch setze, verstummt oft das Gespräch, und ich spüre, dass man mich jetzt anders wahrnimmt, obgleich ich mich doch selbst gar nicht verändert habe. Besonders traurig bin ich darüber, dass meine früheren Kollegen mir irgendwie ›überkritisch‹ begegnen. Meist landen wir bei unseren Gesprächen doch irgendwann bei einem Streit über irgendeine Firmenentscheidung, die ich rechtfertigen und verteidigen muss. Meine eigenen Entscheidungen versuche ich stets im Vorfeld abzuklären – mit durchaus gemischten Erfolgen. Diejenigen, deren Ratschlag ich nicht folge, sind sauer, und es gab auch schon Anfeindungen und Intrigen, wo ich doch nur darum bemüht bin, es allen irgendwie ›recht‹ zu machen. Manchmal sehne ich mich zurück in die Zeit, als ich noch eine unter vielen gewesen bin.«

Führungskräfte sind einsam, und ihre Position ist auch konfliktiv – ein strukturelles Merkmal der Führungspraxis, auf welches Chefs häufig nicht vorbereitet sind und mit dem sie folglich nicht umzugehen wissen. Verbreitet ist das Bemühen um eine »Harmoniekultur« (Vasek 2011), und selbst Führungshandbücher und Führungstrainings liefern häufig nur Vorschläge zur Vermeidung dieser Probleme – ohne den Umgang mit der Konflikthaftigkeit als eine unvermeidbare Gegebenheit und auch als ein »neues« Kompetenzsegment der Führungsrolle nüchtern in den Blick zu nehmen.

> Führung ist strukturell ein konflikthaftes Handeln. Führungskräfte müssen deshalb den gestaltenden Umgang mit diesem Konfliktiven lernen und das Ausweichen bzw. Harmonisieren hinter sich lassen.

Sicherlich: Führungskräfte sind zwar keine Helden (mehr) (Baecker 1994), aber sie füllen trotzdem eine herausragende Position aus, in der sie beobachtet und beurteilt, aber auch kritisiert und nicht selten angefeindet werden. Diese Gegebenheit erschwert eine vertrauensvolle Zusammenarbeit, ohne die aber eine nachhaltige Führung nicht gelingen kann. Es ist diese Spannungslage zwischen notwendiger Vertrauenssicherung einerseits und strukturell erschwerter Vertrauensarbeit andererseits, die das Führungshandeln bestimmen. Diese Einsicht findet sich auch bereits bei Niccolò Machiavelli (1469–1527)[3], der in seinem weltweit bekannten Werk »Der Fürst« feststellt:

3 Machiavelli ist ein Interventionist bzw. ungewollter Stichwortgeber für eine vordemokratische Staatstheorie, d. h., er resümiert und akzentuiert die Regeln für eine erfolgreiche Machtausübung. Sein historischer Hintergrund ist der Absolutismus – eine Gegebenheit, die seine Ausführungen deutlich relativiert. Gleichwohl beschreibt Machiavelli auch unterschiedlichste Machtszenarios und untersucht in einer bisweilen unbestechlichen Nüchternheit die Risiken und Nebenwirkungen einer noch so gut gemeinten oder noch so entschlossen vorgetragenen Führung.

> »Daher muss ein kluger Fürst einen (…) Weg einschlagen, indem er weise Männer beruft und ihnen allein verstattet, ihm die Wahrheit zu sagen, aber nur über Dinge, nach denen er fragt, und nicht über andere. Er muss sie aber über alles befragen, ihre Meinung anhören und dann seinen eigenen Entschluss fassen. Mit diesen Ratgebern muss er es so halten, dass jeder von ihnen weiß, dass es ihm desto lieber ist, je freimütiger er spricht. Außer diesen aber muss er niemandem sein Ohr leihen, auf Beschlossenes nicht zurückkommen und in seinen Entschlüssen fest bleiben. Wer es anders macht, den stürzen entweder die Schmeichler ins Verderben oder er wird wankelmütig infolge der Verschiedenheit der Meinungen, und das macht ihn verächtlich« (Machiavelli 1990, S. 113).

In diesem Zitat sind bereits wesentliche Anregungen für eine professionelle, um Nachhaltigkeit und Akzeptanz bemühte Führungspraxis skizziert. In einer systematischen Betrachtung ergibt sich dabei ein Dreischritt, wie ihn Tafel 1 zeigt.

Diese drei Schritte erfolgreicher Führung kennzeichnen zugleich den Umgang von Führungskräften mit Gewissheit. Denn es gilt beides gleichzeitig: Man erwartet von Führungskräften, dass sie wissen, was zu tun ist, und dass sie – insbesondere in Phasen der Unsicherheit – Zuversicht und Gewissheit stiften. Gleichzeitig müssen Führungskräfte den Eindruck vermeiden, immer bereits alles zu wissen. Sie müssen Rat einholen, zuhören, aber auch entscheiden und Entscheidungen umsetzen können. Dieser doppelten Anforderung können Führungskräfte nur durch eine gestufte Verhaltensweise begegnen. Dies fordert von ihnen eine Verhaltensflexibilität, die vielfach erst erlernt und geübt werden will. Denn Führung kann in unterschiedlichen Lagen ganz Unterschiedliches bedeuten. Und alle diese unterschiedlichen Anforderungen sind gleichgewichtig. Wer bei der Klärung von Fragen und der Gestaltung von Problemen bereits alles zu wissen scheint und dieses Wissen kraft seiner Autorität in Geltung setzt, bleibt mittel- und langfristig in der Umsetzung genauso wirkungslos wie eine Führungskraft, die die einmal getroffene Entscheidung immer wieder korrigiert

	Wie setzen Sie die folgenden Aspekte einer Sicherheit (»Gewissheit«) stiftenden Führung ein?	**Bewertung der eigenen Führungspraxis**			
		nie	**selten**	**manchmal**	**oft**
Rat einholen	Ich hole stets den Rat bestimmter Mitglieder meines Teams ein.				
	Ich achte darauf, dass ich bei Menschen Rat einhole, die relativ »sachlich« und ohne eigene Interessen agieren.				
	Ich stelle die Fragen und achte darauf, dass keine grundsätzlichen Kommentare, Einschätzungen und Empfehlungen gegeben werden.				
Entscheiden	Ich treffe die Entscheidungen dann nach den Beratungen.				
	Meine Entscheidungen sind fest und unverrückbar (»Jeder soll wissen, wofür ich einstehe«).				
	Ich bin (auch danach) niemals wankelmütig.				
Umsetzen	Ich achte darauf, dass es die besprochenen Ziele sind, die umgesetzt werden (müssen).				
	Ich beteilige möglichst alle an der Umsetzung				
	Ich evaluiere die Umsetzungserfolge und -misserfolge.				

Tafel 1: Selbstcheck – Drei Schritte erfolgreicher Führung

und durch diese Wankelmütigkeit in ihrem Team Unsicherheit und Zweifel schürt. Für eine nachhaltig wirksame Führung gilt:

Alles hat seine Zeit. Nachfragen, Diskussion und Beteiligung haben ihre Zeit, Entscheidung und Entscheidungsfestigkeit haben ihre Zeit, und die Umsetzung und Erfolgskontrolle haben ihre Zeit. Wer unzeitgemäß Gewissheit verbreitet, versagt als Führungskraft ebenso wie derjenige, der Entscheidungen offen hält und sie beständig korrigiert.

Regel 2: Üben Sie sich im Visualisieren!

Führungskräfte haben die Aufgabe, die Geschichte des gemeinsamen Tuns einer Abteilung, einer Firma oder einer Behörde immer wieder neu, anschaulich und begeisternd zu erzählen und im Bewusstsein zu halten. Dieser Gesichtspunkt des »Visualisierens«, d. h. der Erschaffung einer gemeinsamen Vision, wird in der Führungsliteratur und auf den Homepages so mancher Leadership-Akademien immer wieder mit der bekannten Formulierung von Antoine de Saint-Exupéry in Verbindung gebracht, der sagte:

> »Wenn du ein Schiff bauen willst, so trommle nicht Menschen zusammen, um Holz zu beschaffen, Aufgaben zu vergeben und die Arbeit einzuteilen, sondern lehre die Menschen die Sehnsucht nach dem weiten, endlosen Meer.«[4]

Diese Äußerung ist in der Vergangenheit sicherlich vielfach überstrapaziert worden. Und so mancher Berufsalltag taugt nicht zu einer visualisierten Darstellung – zumindest nicht in der Form, in der er sich für manche Menschen derzeit präsentiert: Es ist schwer, eine eintönige Tätigkeit dadurch aufzuwerten, dass man sie als notwendiges Element einer großen gemeinsamen Aufgabe erscheinen lässt. Und doch ist dies die Richtung, um die es geht: Menschen wollen das Gefühl haben, dass ihr Tun einen Sinn hat – selbst wenn sie eine noch so untergeordnete Funktion ausüben. Glaubwürdig wird die Visualisierung eines alle verbindenden »Spirit« jedoch nur, wenn man sich als Führungskraft zugleich auch um die Anliegen dieser Menschen aktiv kümmert und sich sichtbar um eine Verbesserung und le-

4 aus: *Die Stadt in der Wüste* (1951).

bendigere, weil menschlichere Gestaltung ihrer Arbeitsplätze bemüht.

Visualisierung ist eine notwendige Dimension einer sinnstiftenden Führung. Sie allein ist jedoch nicht ausreichend, sondern muss durch das spürbare Bemühen der Führungskräfte um eine mittel- und langfristige Sicherung und Verbesserung der Arbeitsplätze sowie eine Perspektiven- und Chancenanreicherung der Arbeitstätigkeiten getragen sein.

In einem Seminar überraschte uns eine Seminarteilnehmerin mit einer aufschlussreichen Bemerkung:

»In meinem Fall ist es so, dass ich überhaupt nichts zuwege bringen würde, wenn ich mich auf meine formale Position verlassen würde. Dann wäre ich wirklich ›von allen guten Geistern verlassen‹, denn ich kann das nicht, und ich habe auch keine wirklich guten Erfahrungen mit Anweisung, Kontrolle und kritischem Feedback gemacht. Es ist vielmehr so, dass meine Abteilung richtig rund läuft, wenn wir uns gemeinsam die Geschichte unseres Tuns erzählen. So begann unlängst eine Kollegin den Tag mit der Frage: ›Wisst ihr eigentlich, wozu unsre Bauspar- und Hausfinanzierungsangebote wirklich taugen? Wir sorgen dafür, dass Kinder glücklicher leben können und auch Familien einen eigenen Raum haben.‹ Klar sagte sie damit nichts anderes als der bekannte Werbeslogan einer konkurrierenden Bausparkasse, aber wie sie es sagte, war es viel konkreter. Sie sagte nicht einfach ›Wir geben ihrer Zukunft ein Zuhause‹, sondern sie sprach von den Kindern und den Familien. Ich muss gestehen: Auch ich tat an diesem Tag meine Arbeit mit einem Lächeln auf den Lippen – irgendwie kam mir mein Tun selbst nicht mehr so sachlich und nüchtern vor. Darum geht es meines Erachtens: Wir müssen als Führungskräfte spürbare Verbindungen zu dem schaffen, womit wir mit anderen in Verbindung sind – in der Arbeit oder durch unsere Produkte.«

Ungewollt hatte diese Teilnehmerin bereits die wesentlichen Anforderungen an eine visualisierende Führung klar bezeichnet. Visualisieren beinhaltet immer einen Vierschritt, wie die Übersicht in Tafel 2 zeigt:

	In welchem Umfang widmen Sie sich bereits den Z-Aktivitäten einer visualisierenden Führung?	**nie**	**selten**	**manch-mal**	**oft**
Zurück-treten	Ich nehme mir Auszeiten, um die 3–4 großen strategischen Linien unserer Arbeit zu reflektieren.				
	Ich beobachte gezielt unsere Außenwahrnehmung und weiß genau, was andere von uns und wir von uns selbst erwarten.				
	Ich übe mich in der Entwicklung kreativer Bilder zu dem, was unser Auftrag und unser Tun ist.				
Zuhören	Ich spreche regelmäßig und gezielt mit den Mitarbeiterinnen und Mitarbeitern der unterschiedlichsten Aufgabenbereiche.				
	Ich frage nach den persönlichen Zielen und Wünschen im Zusammenhang mit ihrer Arbeit.				
	Ich achte darauf, dass ich in diesen Gesprächen deutlich den geringeren Redeanteil habe.				
Zaubern	Ich kümmere mich sichtbar darum, die Arbeitsplätze der Mitarbeiterinnen und Mitarbeiter zu sichern und Perspektiven zu eröffnen.				
	Ich irritiere und motiviere durch unerwartete Aktionen (Vorträge, Exkursionen, Workshops) zur Einwurzelung neuer Ideen und Prozesse.				
	Ich bin darum bemüht, neue Anforderungen und Ziele mit den Erwartungen und professionellen Selbstansprüchen der Beteiligten zu verbinden.				

Zeigen	Ich bin darum bemüht, das Neue als eine gemeinsame Konzeption von innen heraus entstehen zu lassen, auch wenn die Erwartungen an uns herangetragen werden.				
	Ich übe mich darin, unsere Geschichte so zu erzählen, wie die Mitarbeiter und Mitarbeiterinnen sie erzählen würden.				
	Ich versuche, neue und griffige Slogans zu entwickeln, die Orientierung und auch Stolz zu stiften vermögen.				

Hinweis: Bewerten Sie die Items dieser Checklist selbstkritisch und ehrlich. Dort, wo Sie mit Ihren Selbsteinschätzungen »im Graubereich« liegen, sollten Sie versuchen, durch »gezielte Fokussierung« (vgl. Regel 4) zukünftig eine größere Achtsamkeit zu entwickeln. Hierbei helfen Ihnen die Regeln 5–17.

Tafel 2: Selbstcheck – Die vier »Z« einer Visualisierung

Harrison Owen untersucht in seinem Buch *The Spirit of Leadership* die Kraft der weichen Seite von Führung und Kooperation und schreibt:

> »Es mag vielleicht stimmen, dass Führer eine Menge sehr praktischer Aufgaben haben, eine jedoch steht an erster Stelle: für den Spirit zu sorgen« (Owen 2008, S. 56).

Diese Zuständigkeit setzt Fähigkeiten zum Zurücktreten, Zuhören, Zaubern und Zeigen voraus, um deren Herausbildung sich jede Führungskraft selbst systematisch bemühen muss.

Regel 3: Entdecken und stärken Sie Talente und Potenziale!

Bereits vor Jahren wies der bekannte deutsche Pädagoge Hartmut von Hentig darauf hin, dass es notwendig sei, »Schule neu (zu) denken« (von Hentig 1998), da unsere bisherigen gesellschaftlichen Vorkehrungen zur Erziehung und Bildung des Nachwuchses mit Risiken und Nebenwirkungen einhergingen und vielfach nicht halten, was wir uns von ihnen versprechen. Da insbesondere die Bildungspolitik seinem Aufruf nicht folgte, erstaunte er kurz darauf die Fachwelt mit einem Plädoyer, die Kinder zeitweise aus der Schule herauszunehmen und sie einer »Bewährung« in gesellschaftlicher Verantwortung, d. h. einer Bildung durch das Leben, auszusetzen.

Diese grundlegende Skepsis gegenüber unserer überlieferten Bildungspraxis erhält nun zusätzliche Nahrung durch die neuere Talentforschung, die zahlreiche Belege dazu vorlegt, dass Talent nicht angeboren, sondern erlernbar ist. Insbesondere das Buch von Werner Siefer mit dem ermutigenden Titel »Das Genie in mir« (Siefer 2009) berichtet über eine Fülle von Beispielen und auch Forschungsergebnissen, welche allesamt geeignet sind, unsere vertrauten Vorstellungen über das angeborene Talent einerseits und die Förderung sowie das Training andererseits zu revidieren. Siefer weist nach, dass solche Teils-teils-Argumentationen durchweg auf Behauptungen statt auf verlässlichen Daten beruhen, wofür er tief in die Ergebnisse der Hirn- sowie der internationalen Begabungsforschung eintaucht. Talentierte Menschen – ob es sich nun um Tennisgrößen oder Musiker handelt – seien vor allem eines: *Übungsweltmeister*. Hinter jedem talentierten Menschen liegt eine Phase intensiver, oft abgenötigter Anstrengungen, wie die von Siefer referierten Beispiele zeigen.

Diese reichen von Boris Becker und Steffi Graf über Schachweltmeister bis hin zu Wunderkindern gleich welcher Art. Alle diese Beispiele stützen die *These vom erlernten Talent.*

So war es der bereits früh entfachte bzw. vom Vater erzwungene Übungsfleiß eines Wolfgang Amadeus Mozart und nicht ein irgendwie besonders geartetes Talent, welcher seine musikalische Originalität und Größe begründete. Seine wirklich eigene musikalische Genialität brachte auch Mozart erst im Alter von 21 Jahren, nach einer ausgedehnten Übungszeit, zum Ausdruck, während seine frühen Stücke – so der britische Genieforscher Michael J. Howe – bei genauerer Betrachtung als Anlehnungen an andere, Übernahmen und Fingerübungen einzuschätzen sind.

Die neuere Talentforschung zeigt, dass nicht das Angeborene, sondern die Übungspraxis ein Talent entstehen und reifen lässt – ein deutlicher Hinweis auf die Bedeutung der Art und Weise, wie wir die Ausbildung und Arbeitsplätze in den Unternehmen unserer Gesellschaft gestalten.

Diesen Eindruck bestätigt auch Daniel Coye in seinem Buch »Die Talent-Lüge« (Coye 2009), wobei er allerdings noch etwas genauer hinsieht. Ihn interessiert, wie genau das frühe Üben beschaffen ist, welches Talente entstehen lässt. Dafür bezieht er sich nicht nur auf die revolutionären hirnphysiologischen Entdeckungen »rund um die Neuronenmembran Myelin«, er suchte vielmehr weltweit die oft im Verborgenen wirkenden Talentschmieden auf und beobachtete diese bei ihrer Arbeit. Diese »Schatzsuche« führte ihn u. a. zu den brasilianischen Fußballvereinen, die eine lange Liste von Ausnahmefußballspielern, wie Pelé, Zico, Socrates, Romário, Juninho, Robinho, Ronaldinho und Kaká, hervorgebracht haben. Seine Ergebnisse zeigen, dass es insbesondere das aktive Lernen ist, welches neben den Phänomenen einer Initialzündung sowie eines Meistertrainers diese Talententwicklung verstehbar macht. Brasilianische Fußballspieler lernen anders. »Menschen, denen ich in den Talentschmieden begegnet bin«, so Daniel Coyle,

»verhalten sich scheinbar paradox: Sie suchen sich ausgerechnet vereiste Hänge (...) (und arbeiten) ganz bewusst an der Grenze ihrer Fähigkeiten und scheitern dabei zwangsläufig immer wieder. Doch genau dieses Scheitern macht ihren Fortschritt aus« (ebd., S. 22).

Coyle sieht in diesem Vorgehen die Wirkung des aktiven Lernens:

»Aktives Lernen basiert auf einem Widerspruch: Wenn wir uns zielgerichtet mit einem Gegenstand auseinandersetzen – und uns dabei das Recht zugestehen, Fehler zu machen und dumm auszusehen –, dann werden wir klüger. Anders ausgedrückt, Erfahrungen, die uns dazu zwingen, uns langsam voranzutasten, Fehler zu machen und diese zu korrigieren – so als würden wir einen vereisten Abhang hinaufsteigen und dabei immer wieder straucheln und ausrutschen – machen uns schnell und graziös, ohne dass wir es bemerken« (ebd., S. 26).

Diese eigentlichen Prozesse der Talententwicklung genauer zu beobachten, liefert neue und zugkräftige Argumente für eine Neuerfindung der inneren Seite von Schule, Lernen und Bildung, aber auch für Führung und Personalentwicklung. Diese Argumente entstammen keiner pädagogischen Provinz, in welcher schon stets die Eigenkräfte des Subjektes hoch geschätzt wurden, sondern den empirischen Befunden der Hirn-, Begabungs- und Genieforschung. Diese legen den Schluss nahe, dass Lernen und Üben im Kontext fördernder Begleitung erheblich wichtiger sind als jede angeborene Fähigkeit. Der immer wieder aufflammende Streit zwischen Nativisten (Vertretern des Angeborenen) und Milieutheoretikern (Vertretern der Umweltbedeutung) ist in einem unerwarteten Sinne entschieden:

Es ist das übende Subjekt, welches sein Talent entwickelt.

Werner Siefer fordert uns deshalb auf: »Wecke den Experten in dir!« (Siefer 2009, S. 211) – eine Aufforderung, die uns dazu (ver)führen kann, unser eigenes Talent zu wagen: »Sein Ziel erreicht eher«, so das Fazit von Werner Siefert,

> »wer sich nicht von allgemeinen Begabungsmythen oder Festlegungen anderer abhalten lässt, sondern fest an sich glaubt und an sich arbeitet« (ebd., S. 249), denn: »Fleiß führt weiter als Talent« (ebd., S. 250).

Und für die die Führungspraxis in unseren Unternehmen ist diese Feststellung grundlegend:

> »Etwas zu können oder nicht, das spielt erst einmal keine Rolle. Wichtig ist, sich nicht aufhalten, nicht entmutigen zu lassen. Zunächst mag vielleicht nur ein Zufallstreffer gelingen. Mit Selbstbewusstsein, Vertrauen in die Macht des Lernens und Übung, sehr viel Übung, werden aus Dilettanten geniale Dilettanten und schließlich Talente. Denn ein Genie, das steckt in jedem« (ebd., S. 255).

Dies bedeutet, dass Führungskräfte – anders als in der Vergangenheit – nicht mehr länger 87 Prozent ihrer Energie in die Personalsuche und Personalrekrutierung stecken sollten, sondern sich vermehrt auch der internen Entwicklung der Talente und Potenziale ihrer Mitarbeiter widmen sollten. Folgt man neueren Daten des Instituts der Deutschen Wirtschaft, so kann man feststellen:

> »Erfolgreiches Talentmanagement ist in erster Linie eine Führungskräftekompetenz. Doch die Chefs haben oftmals gar nicht das nötige Rüstzeug: Nur 38 % der Unternehmen schulen ihre Vorgesetzten auf diesem Feld; und lediglich 24 Prozent der Betriebe verpflichten ihre Führungskräfte mittels Zielvereinbarung zum Talentmanagement« (iwd 2011, S. 8).

Regel 4: Fokussieren Sie in Reflexions-Auszeiten die strategischen Leitlinien Ihrer Organisation, visualisieren und präzisieren Sie diese!

In allen Führungs- und Leadershipkonzepten wird der Zielklarheit der Führungskräfte eine grundlegende Bedeutung zugeschrieben. Führung stellt sich dabei als eine Tätigkeit dar, die man nicht »erledigen« kann, sondern nur leben und besonnen zur Geltung bringen kann. Sicherlich benötigt diese Klarheit beides: eine visionäre Kraft ebenso wie eine pragmatische Präzision. Letztere findet ihren Ausdruck in der Formulierung der wesentlichen strategischen Leitlinien, um deren Umsetzung man sich gemeinsam bemüht. Es ist die Aufgabe der Führungskräfte, diese strategischen Leitlinien der Arbeit zu fokussieren, sie zu formulieren und nachdrücklich zu kommunizieren.

Der Leiter einer großen Schweizer Consulting-Firma beschrieb seine Aufgabe mit den Worten:

> »Am hilfreichsten bin ich für meine Organisation dann, wenn ich mir Auszeiten gönne, um in einfachen Worten die drei bis vier Leitlinien unseres gemeinsamen Tuns zu präzisieren. Dann kann es geschehen, dass ich nach einem längeren Waldspaziergang nach Hause komme und auf einer Flipchart eine einfache Mindmap mit vier Ästen male, welche die grundlegenden Linien unseres Tuns anschaulich darstellen und griffig bezeichnen. Diese Leitlinien sind Schneisen, die ich in die Unübersichtlichkeit des täglichen Einerleis schlage, wobei ich nichts Neues schaffe, sondern lediglich die Quintessenz der Themen, Analysen, Visionen und Entscheidungen, die uns zuvor in vielen Gesprächsrunden beschäftigt hatten, artikuliere. Mit dieser ›klärenden Struktur‹ gehe ich dann zu meinem Team und bespreche nochmals, worum es nach meinem Eindruck geht. Oftmals war es diese Flipchart, die als Kopie hernach viele Bürowände zierte und sich allmählich als Strukturbild in den Köpfen der

Akteure etablierte. Es sind solche Klärungsbilder, für die ich mein Geld bekomme – neben all den operativen und qualitätssichernden Maßnahmen, die natürlich auch noch definiert und in Gang gesetzt werden müssen.«

Dieses Statement zeigt:

Die zentralen Funktionen einer nachhaltig wirksamen – strategischen – Führung sind, neben der Fokussierung, die Visualisierung und Präzisierung der strategischen Leitlinien. Diese reifen in Auszeiten der Reflexion und des distanzierten Blicks auf das Geschehen.

Mit dieser Funktionsbeschreibung verliert Führung einiges von dem, was sich immer noch in den Vorstellungen so mancher Akteure feststellen lässt: die Vorstellung von einer zentralen »Macht« über das Tun anderer – einer Macht, die alles zu verantworten, zu kontrollieren und zu gewährleisten habe. Diese überlieferte Vorstellung wird mehr und mehr durch ein Verständnis von Führung verdrängt, die durch loslassende und Raum gebende, aktivierende und delegierende Führungsformen abgelöst wird. Für diese hat der Soziologe Dirk Baecker die Bezeichnung »postheroisches Management« gewählt. Er schreibt zu der Frage »Muss man Menschen motivieren?«:

»Zur Kreativität kann man nicht motivieren, zur Abweichung vom Gewohnten nicht auffordern. (…) Wer motiviert wird, achtet dann nicht auf das, was er tun soll, und die Gründe, die es dafür geben mag. Sondern er achtet nur noch auf die Absicht – und ist verstimmt. Zu den frühesten und am schnellsten verdrängten Einsichten auch der Pädagogik gehört die Entdeckung, dass es paradox ist, einen Menschen zur Freiheit erziehen zu wollen, weil jede Erziehung einen Entzug von Freiheit voraussetzt. Genauso paradox ist es, zu etwas motivieren zu wollen, was freiwillig getan werden soll. Die Absicht der Motivation ruiniert die Freiwilligkeit. (…)

Wir brauchen Führungskräfte, die verhindern, dass ihre Mitarbeiter sich die falschen Aufgaben suchen; die sicherstellen, dass die Bezahlung angemessen ist; und die sich darüber hinaus in Schweigen hüllen. Dann hätte man es mit Menschen zu tun und bräuchte nicht über sie zu reden« (Baecker 1994, S. 121 f.).

Ein »postheroisches Management« kümmert sich somit um Voraussetzungen, um die Leitlinien der Arbeit und schafft Räume für ein selbstgesteuertes Handeln der Akteure. Es findet seinen Ausdruck in folgenden neun Schritten einer strategischen Reflexion:

Fokussieren	1. Nehmen Sie sich Auszeiten, in denen Sie versuchen, Abstand zu gewinnen und von außen auf die Aufgaben und Aktivitäten der Organisation bzw. Abteilung zu blicken!
	2. Lassen Sie den mikroskopischen Blick (»auf die Zahlen, Trends und Tatsachen«) los und üben Sie sich im makroskopischen Schauen!
	3. Identifizieren Sie die 3–4 Leitlinien des gemeinsamen Tuns!
Visualisieren	4. Bringen Sie diese Leitlinien in eine Übersicht (»Mindmap«)!
	5. Suchen Sie griffige Bezeichnungen für diese Zentralaktivitäten oder Projekte!
	6. Diskutieren Sie diese Abbildung in kaskadenartigen Schleifen mit den Führungsverantwortlichen und lassen Sie ein von allen geteiltes Bild entstehen!
Präzisieren	7. Definieren Sie die Ziele so konkret wie möglich!
	8. Operationalisieren Sie diese Ziele und definieren Sie Kriterien, Kennzahlen und Zeitraster!
	9. Klären Sie, auf welche Weise und in welchen Abständen die Zielerreichung überprüft wird!

Tafel 3: Die neun Schritte einer strategischen Reflexion

Indem sich Führungskräfte diesen neun Aktivitäten Schritt für Schritt widmen, schaffen sie eine strategische Klarheit, Transparenz und Verbindlichkeit – »unter einem konzeptionellen Dach«. Unter diesem Dach können sich Energien der Kooperation entfalten, indem die Beteiligten ihr Engagement, ihre Kreativität und ihre innovativen Kräfte in den Strategieprozess (Fokussierung – Visualisierung – Präzision) einbringen und so Gestalt gewinnen lassen können.

Strategische Führung klärt die Projekte, liefert Handlungssicherheit und bündelt Energien. Sie »motiviert« nicht, sondern ermöglicht, dass sich die Motivationen der Akteure Ausdruck verschaffen können.

Der Leiter einer größeren Bildungsinstitution beschrieb seine reflektierte strategische Führung in einem Workshop mit den Worten:

»Anfangs kam es mir so vor, als sollte ich ›einen Sack Flöhe hüten‹ – zu unterschiedlich schienen mir die Beschreibungen und auch Geschichten, die mich aus der Einrichtung erreichten. In einem Wochenendseminar mit allen Führungskräften ging es nach meinem Eindruck munter durcheinander. Sicherlich: Alle waren sich irgendwie einig, dass wir jedes Jahr ein aktuelles Angebot bereithalten sollten – was ja in der Vergangenheit auch immer gut funktioniert hat. Aber es fehlte irgendwie der Blick nach vorne. Deshalb entwickelte ich abends eine Zeichnung, in der ich die Elemente des Bisherigen mit dem, was sich auf den Märkten nach meinem Eindruck tat, in Verbindung brachte. Ich beschränkte mich darauf, drei strategische Leitprojekte zu definieren, die unsere Arbeit aus Routine und Reaktion (auf das Geschehen) deutlich aktiver auf die Zukunft bezogen ausrichtete. Und ich war überrascht, wie motiviert die Kolleginnen und Kollegen, die sich zuvor wie im Kreis drehten, darauf einstiegen. Seitdem veranstalten wir einmal im Jahr solche Zukunftsworkshops, wie wir dies nennen.«

Regel 5: Kümmern Sie sich gezielt um die Infragestellung der Gewissheiten, die ihre Entscheidungen und ihr Handeln bestimmen!

Kluge Führung ist sich der Fragilität von Sinneseindrücken bewusst. Aus diesem Grunde ist sie zwar einerseits darum bemüht, Gewissheiten zu stiften und für die Mitarbeiter und Mitarbeiterinnen nichts im Unklaren zu lassen, andererseits werden diese Gewissheiten gleichwohl nicht als sakrosankt und für alle Zeiten festgemauert angesehen. Vielmehr erweisen sich spirituelle Führer als tolerant im Umgang mit Fehleinschätzungen sowie lernbemüht und lernoffen. Ein großer Teil ihrer Aktionen ist darauf ausgerichtet, in Erfahrung zu bringen, wie andere – die Kunden, Nutzer oder Partnerinstitutionen – das eigene Handeln sowie die offerierten Dienstleistungen und Produkte einschätzen und bewerten.

Kluge Führung ist eine prinzipiell selbstkritische Führung. Kluge Führerinnen und Führer wissen um die Fabriziertheit der eigenen Bilder und Schlussfolgerungen und ziehen daraus die einzig mögliche Konsequenz: Sie bemühen sich um Außenwahrnehmungen, statt in das Bescheidwissen oder die Rechthaberei zu fliehen.

Damit tragen sie mehr oder weniger bewusst der Anregung des internationalen Managementforschers Gary Hamel Rechnung, der in seinem Buch »Das Ende des Managements« feststellte:

»Meiner Erfahrung nach verfügen nur wenige Unternehmen über einen systematischen Prozess, der es ihnen erlauben würde, lieb gewonnene strategische Annahmen infrage zu stellen. Nur wenige haben entschlossene Schritte unternommen, um ihren Strategieprozess für gegensätzliche Standpunkte zu öffnen« (Hamel 2008, S. 88).

Hieraus ergeben sich für Führungskräfte grundlegende Anforderungen. Sie müssen ihr Bemühen nicht bloß darauf ausrichten, die zu treffenden Entscheidungen auf möglichst sichere Grundlagen zu stellen, sie müssen sich vielmehr auch immer und immer wieder die Frage stellen (lassen):

> »Wie organisieren Sie die Infragestellung liebgewonnener Annahmen?« (ebd.).

Solche lieb gewonnenen Annahmen verbergen sich meist hinter Routinen, d. h. hinter den Entscheidungsprozeduren und Abläufen, die »schon seit jeher so gemacht werden«. Sie verbergen sich aber auch hinter dem, worauf wir – als ältere und führende Mitarbeiter – so stolz sind, weil wir uns unser ganzes Leben für dieses Produkt oder diese Art, die Dinge zu sehen und zu tun, eingesetzt haben. Deshalb lassen wir uns »das von niemandem nehmen« – insbesondere nicht von jungen Kolleginnen und Kollegen, die gerade ihre Ausbildung oder ihr Studium abgeschlossen haben und noch recht »unbedarft«, wie wir gerne sagen, an die Fragen herangehen. Es ist jedoch ein ganz altes Muster, welches sich hier zu Wort meldet, nämlich das aus ganz frühen Zeiten herüberragende Muster »Alt führt Jung«. Es basiert auf der tief in unsere Erfahrungen eingespurten Auffassung, dass Erfahrungen der Menschen es sind, die sie »klug« machen. Erst allmählich lernen wir, uns auch die Nachteile dieses Denkmusters einzugestehen, die darin liegen, dass Erfahrungen auch »blind« machen (können).

Hier ist es geboten umzudenken, wobei der Grundsatz gelten sollte:

Erfahrungen helfen nicht nur, sie legen auch fest und machen blind. Aus diesem Grunde sollte eine Führungskraft für sich einen Raum – bzw. Mechanismen – nutzen, in welchem sie ihre Ansichten, Interpretationen sowie Routinen infrage stellen lässt – nach dem Motto: »Wo lassen Sie verunsichern?«

In einem Seminar berichtete ein Teilnehmer von dem finnischen Gummistiefelhersteller Nokia: »Ich weiß zwar nicht genau, wie das gewesen ist, aber ich vermute, dass die Infragestellung des Bisherigen, nämlich Gummistiefel herzustellen, von einem Querdenker ins Gespräch gebracht wurde. Auslöser sind sicherlich irgendwelche Billiganbieter aus Fernost gewesen, deren Angebote das bisherige Geschäft unrentabel werden ließen. Und ich kann mir lebhaft vorstellen, wie die langjährigen Führungskräfte auf den völlig »sachfremden« Vorschlag reagierten, zukünftig ein anderes Produkt herzustellen. Vielleicht fiel ja sogar der Spruch: »Was glaubt der eigentlich, wo der hier ist – soll der doch erst einmal …« – wie er in Unternehmen immer mal wieder anzutreffen ist. Der eigentliche Durchbruch liegt m. E. nicht in der neuen Produktidee, sondern in der Fähigkeit der bisherigen Führungskräfte, diese zur Entfaltung gelangen zu lassen. Darum geht es: das Bisherige nicht als übermächtig das Denken bestimmen zu lassen, sondern es stets auch insoweit infrage zu stellen, dass sich Anderes und Neues entfalten kann, weil es dieses Andere und Neue sein kann, welches die Zukunft des Ganzen sichert.

Führungskräfte können sich selbst prüfen, ob und inwieweit sie bereits dazu in der Lage sind, flexibler mit dem umzugehen, was ihnen richtig, angemessen und naheliegend zu sein scheint (siehe Tafel 4).

Führen setzt auch voraus, dass Führungskräfte Wandlungstendenzen in sich tragen, dass sie mit diesen bewusst umzugehen gelernt haben und sich auch darum zu bemühen wissen, wie sie die Veränderungen in ihrem Umfeld nach Gesichtspunkten der menschlichen Reife – auch ihrer eigenen – gestalten können. Nur so kann Führung zu einer aktiven Begleitung durch Veränderungsspezialisten werden, die selbst »leben«, wofür sie zuständig sind.

Wie flexibel sind Sie wirklich?					
Dimensionen	**Selbstprüfungsfragen**	**nie**	**selten**	**manchmal**	**oft**
Fantasie	Stellen Sie sich manchmal ernsthaft vor, dass Sie mit Ihrer Firma/Abteilung auch etwas ganz anderes machen könnten?				
Loslassen	Haben Sie in den letzten drei Jahren wirklich »liebgewonnene Gewohnheiten« aufgegeben?				
Ernsthaftigkeit	Wie »ernsthaft« sind ihre Pläne zum Loslassen, Wandel und Neubeginn?				
Xenophilie	Gehen Sie stets freundlich, interessiert und zugewandt auf das Fremde zu, welches Sie irritiert und inspiriert?				
Identität	Wissen Sie recht genau, welche Seiten Sie an sich in Zukunft stärker entfalten möchten?				
Beziehung	Sind Sie in den Augen der Ihnen Nahestehenden ein erfolgreicher Gestalter und Pfleger von Beziehungen?				
Innovation	Laden Sie Ihr Umfeld tatsächlich zu Veränderungen ein und »belohnen« Sie Infragestellungen, Kritik und Suche?				
Lebendigkeit	Gelingt es Ihnen, sich in Ihrer Energie, Ihrem Denken und Ihrem Handel immer wieder selbst zu erfrischen?				
Interesse	Sorgen Sie bewusst dafür, dass Sie Neues kennenlernen oder Vertrautes Ihnen neu begegnen kann?				
Tod	Ist sich Ihr Denken, Fühlen und Handeln stets der Tatsache bewusst, dass Sie sterben werden?				

Ärger	Ist es Ihnen gelungen, die Situationen, in denen Sie sich ärgern, deutlich zu verringern?				
Trans-formation	Sind Sie darum bemüht, Ihr Leben, Ihre Beziehungen und Ihre Identität zu weiterer Reifung zu (ver)führen?				

Hinweis: Die Selbstprüfungsfragen, bei denen Sie in Ihrer Selbsteinschätzung in den grau unterlegten Feldern bleiben, markieren die Bereiche, in denen Selbstreflexion, Entwicklungen und Veränderungen angezeigt sein könnten.

Tafel 4: Selbstcheck – FLEXIBILITÄT

Regel 6: Regen Sie kreative Bilder zu den Aufgaben und Anforderungen an!

Die Bedeutung und die soziale Gestaltungsmacht der Kreativität werden seit einigen Jahren in einem erweiterten Sinne diskutiert: Es ist nicht mehr die Ausnahmebegabung von Künstlern oder herausragenden Wissenschaftlern, die von den Theorien beschrieben wird, sondern ihre alltägliche Bedeutung – auch und gerade in den Kontexten von Führung, Kooperation und Organisation (Csikszentmihaly 1999). Insbesondere für das Verlassen eingespurter Wege und die Reifung und Ausgestaltung innovativer Ideen und Konzepte erweist es sich zunehmend als eine grundlegende Voraussetzung, kreative Räume zu schaffen. Die Rede ist von einer im Entstehen begriffenen Creative-Worker-Culture, welche unsere wissensintensiven Formen der Kooperation ablöst und erweitert, und zugleich

> »(…) eine Antwort auf die Frage (ist), wie wir mit kontinuierlichem Wandel und Unplanbarkeit in unserem Leben umgehen. Jetzt stehen Eigenverantwortung, individuelle Lebensmuster anstelle von Karrieren und Leistung durch Leidenschaft im Zentrum« (Keicher 2011, S. 8).

In einer Creative-Culture ändern sich auch die Anforderungen an die Führungskräfte grundlegend. Diese werden auch daran gemessen, ob es ihnen gelingt, Mitarbeiter in ihrem eigenen kreativen Potenzial herauszufordern, und sie müssen sich auch die Frage nach ihrer eigenen Kreativität stellen (lassen). Wenn es stimmt, dass kreatives Handeln »als bewusstes oder unbewusstes Offenhalten der Instabilität kognitiver Prozesse, als Subversion des Stabilitätsbedürfnisses kognitiver wie sozialer Systeme« (Schmidt 1988, S. 47) verstanden werden kann, dann erweisen sich starre Arbeitsplatzbeschreibungen sowie deutliche Anweisungsstrukturen als eher hinderlich für die Entfaltung des kreativen Potenzials der Mitarbeiter eines Systems. Kreativität kann vielmehr nur entstehen, wenn Eigeninitiative nicht nur erwünscht, sondern auch möglich ist. Eine wesentliche Grundlage für die Entfaltung kreativer Potenziale ist deshalb ein erhöhter Handlungsspielraum, wie folgendes Beispiel zeigt:

> »Eine Kassiererin an der Supermarkt-Kasse muss nicht für jeden Storno ihren Chef rufen, weil sie selbst die nötige Entscheidungsbefugnis hat. Dadurch wird die intrinsische Motivation für die Arbeit und darüber auch für die Ideenentwicklung entscheidend beeinflusst. Auch der Zeitdruck bei der Arbeit spielt eine Rolle für die Motivation, Probleme anzugehen und Ideen zu entwickeln. Paradoxerweise ist gerade ein mittlerer bis hoher Zeitdruck gut, um diese Motivation zu fördern, weil man sich herausgefordert und stimuliert fühlt. Wichtig ist aber dabei, dass trotz Zeitdruck keine Angst vor Bewertung aufkommt und dass man sich nicht kontrolliert fühlt« (Ohly 2011, S. 16 f.).

An die Stelle des »Alles hört auf mein Kommando (oder meine Kennzahlen)« tritt im Rahmen einer »Führung zur Kreativität« die Einladung: »Beteiligt Euch an der Gestaltung ideenreicher und farbenprächtiger Bilder der Zukunft!« Diese Aufforderung muss allerdings glaubwürdig gelebt werden. Kreativität vermag sich nur zu entfalten, wenn die Menschen darauf vertrauen können, dass ihr eigentliches Potenzial *tatsächlich* »gefragt« ist und nicht an starren Entscheidungsstrukturen und in beharrenden Statements (»Das haben wir noch nie so gemacht!«) wirkungslos verpufft.

Den Führungskräften kommt häufig eine Schlüsselrolle als Förderer des kreativen Potenzials ihrer Mitarbeiter zu. Es sind dabei die Kooperationsformen, das Organisatorische sowie das eigene – mitarbeiterorientierte und ermutigende – Verhalten, die man so gestalten muss, dass sich ein vertrauensvolles und experimentierfreudiges Klima entfalten kann.

		häufig	selten	nie
Kooperation	Ich pflege bewusst die Einbeziehung des Teams bei Entscheidungsprozessen und meide »einsame Entscheidungen«.			
Organisation	Ich ermuntere zur Selbstorganisation und berücksichtige Hierarchien, ohne deren Bedeutung überzubetonen.			
Mitarbeiter-orientierung	Ich gehe immer wieder auf die Mitarbeiterinnen und Mitarbeiter zu und interessiere mich für ihre Anliegen und Vorschläge.			
Mut	Ich traue dem Gegenüber grundsätzlich zu, Probleme angemessen zu lösen.			
Konfliktfähigkeit	Ich fokussiere Konflikte grundsätzlich nicht durch die Brille der Schuldsuche, sondern suche nach dem Potenzial, das sich in ihnen ausdrückt.			
Ressourcen-orientierung	Ich versuche, die Talente, Potenziale und Kompetenzen der Mitarbeiterinnen und Mitarbeiter zu nutzen und wertzuschätzen.			
Energie-bewusstsein	Ich kümmere mich um die Gewährleistung angstfreier, integrierender und inspirierender sozialer und architektonischer »Räume«.			
Anregung	Ich sorge dafür, dass Kunst, Ästhetik und Glückserleben auch und gerade im Arbeitskontext einen Raum haben.			

Auch hier gilt: Wenn Sie mit Ihren Selbsteinschätzungen in den Graubereichen liegen, wissen Sie, in welchen Bereichen einer kreativitätsfördernden Führung Sie noch deutlich »besser« werden könn(t)en. Suchen Sie nach einer Intensivierung Ihrer Bemühungen in diesen Ansätzen.

Tafel 5: Selbstcheck – Ansätze einer kreativitätsfördernden Führung

Ein Mitarbeiter erzählte:

Anfangs waren wir alle etwas irritiert, denn der Neue, den die Unternehmensleitung ausgesucht hatte, war so ganz anders, als wir erwartet hatten. Zunächst fiel auf, dass er die ersten Wochen kaum eine wirkliche Richtungsentscheidung traf, sodass einige bereits munkelten, der wüsste vielleicht gar nicht, wofür er da sei. Stattdessen sprach er mit den Führungskräften, aber auch mit allen Mitarbeiterinnen und Mitarbeitern, wobei er sich allerdings auch sehr zurückhielt: Er hörte zu, fragte interessiert nach und kümmerte sich erstaunlich stark um die räumliche Ausgestaltung der Besprechungs- und Arbeitsräume. Ich weiß noch genau, dass eine seiner ersten Entscheidungen eine Anschaffungsentscheidung gewesen ist: Er wechselte die alten Bilder und Illustrationen, die – von niemandem beachtet – an den Wänden der Büros hingen gegen bunte und auffallende Gemälde. Auch das Entree des Gebäudes, in dem unsere Abteilung damals ihren Sitz hatte, gestaltete er, indem er selbst eine Skulptur aussuchte und Grünpflanzen anschaffen ließ. Darauf angesprochen sagte er: »Ich kann nicht in Räumen denken, in denen sich niemand wohlfühlen kann – das ist für mich die Basis aller Kreativität.« Erst nach einigen Wochen begann er, auch in sogenannten »Workshops« richtig ergebnisorientiert mit uns zu arbeiten. Es gab dabei schon Vorgaben seinerseits, die er zu Beginn erläuterte (z. B. den Endtermin, zu dem er ein Ergebnis haben wolle), doch ließ er ansonsten Raum zur Gestaltung, und ich hatte persönlich das Gefühl, dass er eine zu starre Planung der Zusammenkünfte nicht haben wollte.

Regel 7: Gewährleisten Sie eine systematische Außenwahrnehmung und präzisieren Sie Kriterien oder Kennzahlen für eine informierte Erfolgsbeurteilung!

Wirksame Führung verlässt sich nicht *nur* auf die eigene Wahrnehmung, sie ist vielmehr darum bemüht, sich rückzuversichern. Die eigene Erfolgsbeurteilung muss dabei insbesondere mit den verbreiteten Tendenzen der Selbsttäuschung und des »Gesundbetens« umgehen. Hierfür ist nicht nur die Definition und Präzisierung der gemeinsamen Ziele notwendig, grundlegend ist vielmehr auch die Nutzung »evidenter« Einschätzungen und Rückmeldungen. Eine nachhaltige und systemisch wirksame Führung bedarf deshalb »absichtsvoller Vorkehrungen«, die die Praxis immer wieder selbstkritisch in den Blick rückt.

Nachhaltige Führung ist eine erfolgsorientierte, aber auch erfolgskritische Führung. Führungskräfte müssen deshalb darum bemüht sein, Frühwarnsysteme zu etablieren, die dem System zeigen, welche ungewollten Nebenwirkungen, langfristigen Gefährdungen und Misserfolge drohen könn(t)en. Ziel ist die Entwicklung einer »strategiefokussierten Organisation« (Kaplan u. Norton 2001).

Wie kann eine solche Objektivierung des eigenen erfolgsorientierten Handelns aussehen? Mit welchen Widerständen ist dabei zu rechnen? Wie ist mit ihnen umzugehen?

In der Begleitung der Arbeitsgruppe eines Medizingeräteherstellers äußerte sich ein Mitarbeiter wie folgt: »Also, Herr Baumgart fing bei uns damit an, dass er alles kritisch auf den Prüfstand stellte. Er nahm dabei nüchtern die Ziele unserer Abteilung in den Blick und begann mit uns einen Dialog darüber, was uns daran hinderte, noch bessere und noch wirkungsvollere Ergebnisse zu erzielen. Sicherlich, es kam dabei gut an, dass er so nüchtern auf die Zahlen blickte, aber gleichzeitig nicht nur das Quantitative, sondern auch das Qualitative, also die Qualität unserer Produkte, in den Blick rückte. Sein Bemühen richtete sich eindeutig darauf, einige zentrale Kennzahlen zu identifizieren, auf die er unsere Aufmerksamkeit fokussieren wollte. Dennoch gab es einige, die diesen ›negativen Blick‹, wie sie es nannten, als kränkend empfanden. ›Was glaubt der eigentlich? Meint der, wir hätten bislang nur Murks gemacht? Schließlich haben wir bereits vor ihm erfolgreich produziert!‹ Dies waren Äußerungen, die von den Kollegen kamen. Häufig wurde auch gesagt: ›Das machen wir doch eigentlich schon immer so – qualitätsorientiertes Arbeiten ist schließlich keine Erfindung des Herrn Baumgart.‹ Diese Verstimmungen führten dazu, dass sich der Abteilungsleiter zunehmend mit seinem Vorhaben festlief, deutliche und tragfähige Kennzahlen zu identifizieren und verbindlich werden zu lassen. Da wurden wichtige Kollegen bei entscheidenden Sitzungen plötzlich krank, Arbeitsaufträge wurden formal erledigt usw. Schließlich kam am Ende, wenn Sie mich fragen, weniger raus, als am Anfang bereits an Energie, Qualitätsbewusstsein und Aufgeschlossenheit gegenüber Neuem vorhanden gewesen ist.«

Solche und ähnliche Ergebnisse wohlgemeinter Aufbrüche neuer Führungskräfte sind im Führungsalltag sehr verbreitet. Sie verweisen nicht nur auf die Frage, was Kennzahlen sind, sondern auch auf die Frage, wie sie zu entwickeln sind und wie Kennzahlen als verbindliche und Orientierung gebende Größen für alle in den Blick gerückt werden können. Dabei gilt:

> »Der Vorteil eines Kennzahlsystems ist (...) darin zu sehen, dass die Kernprozesse des jeweiligen Bereiches transparent werden. Die Verantwortlichen (...), die ihre Prozesse mit Kennzahlen orientieren, wissen nicht nur, in welchen Aktivitätsbereichen sie welche Aktivitäten durchzuführen haben, sie sind auch in transparenter Weise ›festgelegt‹. Diese Festlegungen sind zumeist quantitativer Art, was zu Recht oft als unbe-

friedigend erlebt wird (...). Aus diesem Grunde ist die Kennzahldefinition durch qualitative Größen zu ergänzen, die insbesondere durch Absolventen- oder Vorgesetzteneinschätzungen erhoben werden können« (Arnold 2009a, S. 61).

Was für eine strategische Personalentwicklung gilt, gilt auch und in besonderer Weise für die Führung in Organisationen:

Führungskräfte müssen sich darüber klar werden, an welchen ca. 10 Kennzahlen, die quantitativ möglichst konkret bestimmt sind, sie den Erfolg ihres Zuständigkeitsbereichs glauben ablesen zu können. Sie müssen deshalb eine hohe Sorgfalt auf die Klärung der Prozesse, die Definition der Erfolgsaspekte sowie die Auffächerung des Gesamtauftrags in quantifizierbare Aspekte aufwenden.

Um zu signifikanten und tragfähigen Kennzahlen zu gelangen, müssen Führungskräfte mit ihren Teams einige wesentliche Schritte der Klärung und Präzisierung durchlaufen. Ziel ist es, die angestrebten Leistungen transparent für alle Akteure zu profilieren und gleichzeitig den Fokus auf die quantitativen Größen zu lenken, an denen die eigene Zielerreichung »gemessen« werden kann. Kennzahlen dienen nämlich in erster Linie dem Zweck, den Stand der eigenen Leistungsentwicklung anhand der von – möglichst – allen Akteuren akzeptierten Kriterien zu beurteilen, und so auch Steuerungsentscheidungen begründen zu können. Kennzahlen spielen somit auch eine wichtige Rolle für die Qualitätssicherung in Systemen. Im Vergleich mit Referenzwerten (Benchmarking) ermöglichen Kennzahlen zudem eine »objektivere« Standortbestimmung des Systems. In diesem Sinne schreibt Rafael Eckstein:

> »Kennzahlen sind unerlässlich für die sinnvolle Zielformulierung und können helfen, Effektivität und Effizienz zu verbessern, indem sie als Indikatoren Entwicklungen transparent machen bzw. auf Auffälligkeiten hinweisen« (Eckstein 2010, S. 27).

Um in diesem Sinne Kennzahlen zu präzisieren, ist folgender Dreischritt zu durchlaufen:

Schritt	**Beschreibung**	**Beispiel (einer PE-Abteilung)**
Analyse Auf welche Aspekte der Input-Ebene (z. B. Zahl der Nachfragen), der Prozessebene (z. B. Häufigkeit der Ausfälle im Produktionsverlauf) oder Output-Ebene (z. B. Quote der fehlerfreien Produkte) soll sich der Erfolgsfokus richten?	Um bei der Analyse der möglichen Kennzahlbereiche zu einer tragfähigen Auswahlentscheidung zu gelangen, ist es wichtig, klar und möglichst eindeutig die Parameter (Bedingungen) des eigenen Erfolgs in den Blick zu nehmen.	*In einem Kennzahl-Workshop eines Bildungsanbieters entscheidet man sich dafür, die Input-Bereiche »Nachfrage nach Fortbildungen und Coachings«, den Prozessaspekt »Einsatz aktivierender Methoden und Selbstlernunterlagen« und den Output-Aspekt »Teilnehmerzufriedenheit« zu fokussieren.*
Definition Kennzahlen sind quantitative Aussagen. Dies bedeutet, dass eine »Wunschzahl« (i. S. eines angestrebten Wertes) definiert werden muss.	In einem zweiten Schritt geht es um die »Bewertung«, d. h. um die – möglichst im Konsens mit den beteiligten Akteuren – zu präzisierenden Werte, die man gemeinsam anzustreben versucht.	*Man präzisierte diese Bereiche, indem man u. a. festlegte: »Wir möchten einen jährlichen 5 %igen Anstieg unserer Anmeldungen erreichen« und erwarten, »dass in 50 % unserer Maßnahmen Selbstlernmethoden systematisch zum Einsatz gelangen.«*
Anwendung (Steuerung) In diesem Schritt geht es darum, eine deutliche Strategie für den verbindlichen Umgang mit den Kennzahlen zu erhalten. Denn Kennzahlen sind keine Nice-to-have-Vorkehrungen, sondern operativ relevant.	Der dritte Schritt ist Bestandteil des Managementprozesses: Führungskräfte müssen sich in regelmäßigen Abständen mit dem Stand der Erreichung von angestrebten Werten befassen, um frühzeitig Maßnahmen zur Gegensteuerung (z. B. Bereitstellung zusätzlicher Ressourcen) einzuleiten.	*Nach einem Jahr wurden die Anmeldestatistiken sowie die Kursevaluierungen systematisch ausgewertet, um herauszufinden, ob die anvisierten Kennzahlen erreicht bzw. »umgesetzt« werden konnten.*

Tafel 6: Die Schritte einer an Kennzahlen orientierten Führung

Regel 8: Entwickeln Sie Verständnis für die soziale Lebenswelt ihres Gegenübers!

Erfahrende Führungskräfte wissen, dass ihnen die eigentlichen Wahrnehmungen und Einschätzungen sowie Wünsche und Erwartungen ihrer Mitarbeiterinnen und Mitarbeiter häufig nur schwer zugänglich sind. Zumindest liegen diese »nicht offen zutage«, und Führungskräfte sind gut beraten, sich von einem »konstruktiven Misstrauen« (insbesondere gegenüber den guten Nachrichten) leiten zu lassen. Bereits in dem – von Arthur Schopenhauer übersetzten – bekannten Büchlein »Die Kunst der Weltklugheit« gibt der Jesuitenpater Balthasar Gracian (1601–1658) Führungskräften den Rat, »bedacht (zu sein) im Erkundigen«. Garcian schreibt:

> »Man lebt hauptsächlich auf Erkundigung. Das Wenigste ist, was wir sehen; wir leben auf Treu und Glauben. Die Wahrheit (...) gelangt (selten) rein und unverfälscht zu uns, am wenigsten, wenn sie von Weitem kommt: Da hat sie immer eine Beimischung von den Affekten, durch die sie ging. Die Leidenschaft färbt alles, was sie berührt, mit ihren Farben, bald günstig, bald ungünstig. Sie bezweckt immer irgendeinen Eindruck. Daher leihe man nur mit großer Behutsamkeit sein Ohr dem Lober, mit noch größerer dem Tadler. In diesem Punkt ist unsre ganze Aufmerksamkeit vonnöten, damit wir die Absicht des Vermittelnden herausfinden und schon zum voraus sehen, mit welchem Fuß er vortritt. Die schlaue Überlegung sei der Prüfstein des Übertriebenen und des Falschen« (Garcian 1993, S. 61 f.).

Dies bedeutet:

Führungskräfte befinden sich ständig in der Gefahr, nur selektive Eindrücke vom Geschehen zu erhalten und auf der Basis dieser ausschnitthaften Wahrnehmung des Geschehens grundlegende Einschätzungen oder gar Entscheidungen zu treffen.

Für eine kluge Führung ist es deshalb wichtig, die sozialen Mechanismen des Erkennens, Beurteilens und Für-wahr-Haltens zu kennen. Führungskräfte müssen in der Lage sein, die nur schwer vermeidbaren »Messfehler der eigenen Urteilsbildung« zu kennen. Denn diese erschweren es Ihnen, wirklich zu »sehen«, was die Beteiligten bewegt bzw. was diese erwarten und welche Einschätzung sie zu dem gemeinsamen Tun entwickelt haben. Diese Messfehler sind auf bekannte »verzerrende Faktoren« zurückzuführen, die in folgender Tabelle in einer Übersicht zusammengestellt sind:

Messfehler	**Verzerrende Faktoren**	**Was tun?**
»Ich sehe nur, was ich sehen will und kann.« (konstruktivistischer Messfehler)	die eigenen Sehgewohnheiten bzw. »Erfahrungen« und Interessen	**»Wo lassen Sie irritieren?«** Irritationen suchen und dafür bezahlen (z. B. in Supervisionskontexten)
»Ich sehe nur, was man mich sehen lässt.« (opportunistischer Messfehler)	die durch Kollegen »zurecht gefilterte« Sicht der Dinge	**»Wie hinterfragen Sie?«** andere fragen und gezielt nach anderen – unbequemen – Wahrheiten suchen
»Ich sehe nur, was sich mir und anderen zeigt.« (Schere-im-Kopf-Messfehler)	die durch die Akteure selbst bereits ungewollt gefilterte Sicht der Dinge	**»Wie gehen Sie mit anderen Wirklichkeiten um?«** vertrauensvolle Gespräche führen (immer wieder) und »sich erkundigen«

Tafel 7: Messfehler der Wahrnehmung

In einem Coaching beklagte sich ein Coachee:

»Was mich wirklich schwer getroffen hat, war, dass plötzlich doch alle beim letzten Streik mit von der Partie waren. Mir hat das zuvor keiner signalisiert – im Gegenteil: Meine Abteilungsleiter beruhigten mich mit der Phrase: ›Was in der Metallindustrie los ist, ist eine Sache, aber wie unsere Mitarbeiter sich unserer Firma zugehörig fühlen, ist eine andere. Wir legen unsere Hand dafür ins Feuer, dass es hier zu keinen Arbeitsniederlegungen kommt.‹ Darauf baute ich – auch, weil mir die Mitarbeiter, mit denen ich persönlich sprach, den Eindruck vermittelten, dass hier bei uns alles in Ordnung sei und es derzeit keine wirklichen Probleme oder Unzufriedenheiten gäbe. Doch dann geht irgendeine Gewerkschaft mit einer 5 %-Forderung in die Medien, und – ruckzuck: Alles ist vorbei.«

In solchen Situationen zweifeln Führungskräfte häufig an ihrer Wahrnehmung, und nicht wenige reagieren auch persönlich gekränkt und enttäuscht. In solchen Reaktionen setzt sich ein Bild von Führung, Kooperation und Kommunikation durch, das sehr atavistisch anmutet und dem Grundsatz zu folgen scheint: »Wer nicht für mich ist (und das, was ich erwarte), ist gegen mich!« Ein solcher schlichter Blick auf das soziale Moment von Organisationen ist unprofessionell. Professionelles Führungshandeln geht vielmehr von dem Grundsatz aus:

Menschen agieren und kooperieren im Einklang mit ihren Interessen, den Erwartungen und den prägenden Gewohnheiten ihres unmittelbaren Umfelds (ihren Familien, Kollegen, Freunden usw.). Es sind diese Bindungen, die im Zweifelsfall stärker sind als alle Absprachen und Zusagen – und indem Mitarbeiterinnen und Mitarbeiter so aus der Logik ihrer Lebenswelt (vgl. Blumenberg 2010) heraus handeln, verhalten sie sich genauso, wie auch Führungskräfte dies tun.

Nachdem der Coachee die Unvermeidbarkeit des »seiner Lebenswelt treu Bleibens« verstanden hatte, stellte er fest: »Es war für mich wirklich hilfreich zu erkennen, dass auch ich letztlich unverrückbar an bestimmte Loyalitäten gebunden bin. Auch ich würde – wenn meine Freunde und Kollegen ein deutliches Signal meiner Loyalität fordern würden, genau wissen, zu wem ich gehöre, und mich ihnen anschließen. Nachdem ich dies verstanden habe, kann ich auch meinen Mitarbeiterinnen und Mitarbeitern anders begegnen. Ich verurteile sie nicht, sondern ich reagiere ganz als Führungskraft nach dem Motto ›Die Lage hat sich verändert, wir müssen eine neue Lösung suchen!‹ Überhaupt: Mir ist in diesem Zusammenhang deutlich geworden, dass kluge Führung dort beginnt, wo wir damit aufhören, die Welt nach unseren Maßstäben zu bewerten. Denn indem ich die anderen bewerte, werte ich sie ab und verhindere dadurch selbst, dass eine synergetische Kooperation wieder entstehen kann. Als Führungskraft – dies die Lektion, die ich lernen konnte – werde ich aber dafür bezahlt, dass ich zu sich ständig verändernden Lagen angemessene, d. h. problemlösende Strategien entwickeln kann und mich nicht bei Verurteilungen aufhalte.

Selbstkritik	(1) Welche Gefühle entstehen in mir angesichts der Enttäuschung?
	(2) Wie »trüben« diese meinen Blick auf den Anderen?
	(3) Kann ich »aushalten«, dass der andere auch »Recht« hat – sein Recht?
Umdeuten	(4) Wie könnte eine wertschätzende Beschreibung des Gegenübers lauten?
	(5) Welches »ehrliche« Bemühen können Sie dem Gegenüber zugestehen?
	(6) Welchen Eindruck muss Ihre – bewertende – Reaktion bei ihm hinterlassen?
Neu handeln	(7) Wie würden Sie sich »entschuldigen« für das Bild, das Sie sich – selbst! – machen?
	(8) Wie könnten Sie neu auf das Gegenüber zugehen?
	(9) Welche »vertrauensbildenden« Maßnahmen sind Ihnen zudem möglich?

Tafel 8: Schuld abladen verboten – 9 Schritte zum Umgang mit der unvermeidbaren Widerständigkeit des Sozialen

Regel 9: Führen Sie regelmäßig und gezielt Sondierungsgespräche mit den Mitarbeiterinnen und Mitarbeitern!

Führen ist ein »kommunikatives Handeln«, wie die sozialwissenschaftliche Forschung sagt. Führungskräfte üben ihre Rolle also durch die Art und Weise aus, in der sie ihre Absichten, Feedbacks und Nachfragen ausdrücken, wie sie sich anderen gegenüber präsentieren, mit ihnen reden und in welchem Maß sie sich auf deren Anliegen und Antworten beziehen. Aus diesem Grunde ist ihre kommunikative Kompetenz eine Schlüsselkompetenz. Sicherlich: Führungskräfte müssen auch wissen, um was es geht, sie müssen auch

- über das für ihren Bereich notwendige Fachwissen verfügen, um Zusammenhänge kompetent einschätzen und beurteilen zu können,
- über wesentliche Steuerungskompetenzen verfügen, um Projekte zielorientiert und erfolgreich zu »managen« und
- die Einheit, für die sie zuständig sind, überzeugend repräsentieren können.

Doch das alle diese Fähigkeiten tragende und inszenierende Moment ist die Fähigkeit, wirksam zu kommunizieren:

Führung ist ein kommunikatives Geschehen, welches in seinen Wirkungen entscheidend von den kommunikativen Fähigkeiten und dem »authentischen Engagement« (Neal u. Neal 2011) der Führungskräfte abhängig ist. Führungskräfte sind »Convener«. Und: »The role of the Convener is to gather and hold the people« (ebd., S. 1).

Dies bedeutet: Es geht in der Führungskommunikation nicht bloß um Nüchternheit und konzentrierte Sachlichkeit. Menschen folgen denen, die ihnen ganzheitlich begegnen. Sie möchten nicht allein als Arbeitskräfte, sondern auch menschlich angesprochen – um nicht zu sagen: berührt – werden. Dieser Erwartung kann man nicht durch einstudierte Kommunikationstricks gerecht werden, es ist vielmehr erforderlich, aus dem eigenen authentischen Interesse am Gegenüber heraus zu kommunizieren. Führungskräfte, denen am Gegenüber nicht wirklich gelegen ist, können dies nicht. Aus diesem Grunde lautet eine Gretchenfrage kluger Führung: »Inwieweit bin ich wirklich daran interessiert, dass der andere gut zurechtkommt und auch in seinem Arbeitsbereich erfolgreich zu sein vermag?«

Führungskräfte sind nämlich nicht dann erfolgreich, wenn sie »immer hinterher sind«, ihre Mitarbeiter beaufsichtigen und sie dabei beobachten, ob diese die Erwartungen erfüllen. Sie werden vielmehr daran gemessen, ob es ihnen gelingt, die Motivationen der Beteiligten zusammenzuführen. Diese Zuständigkeit beschreibt der englische Begriff »Convener« – der, der zusammenführt und »passend« macht (was zusammengehört) – treffend, wie ihn Craig und Patricia Neal verwenden. Sie schreiben:

> »Jede Stimme wird gebraucht. […] Alle Stimmen zu hören bedeutet, dass wir in diesem Zusammenkommen das Entstehen einer Ganzheit erleben. Wenn innerhalb eines sicheren Raumes verschiedene Absichten, die von allen angehört werden, miteinander verschmelzen, dann entsteht ein ganzheitlicheres Bild, das zugleich präsenter ist und leichter anzunehmen. Dies ist der Anfang eines Phänomens, das man „in das Sein hinein einander zuhören" nennen könnte. Die Großzügigkeit, die wir einander durch Sprechen und Zuhören entgegenbringen, wird gebraucht, um echtes Engagement in der Gruppe zu generieren. Großzügigkeit wird am ehesten entstehen, wenn wir einander Wertschätzung und Akzeptanz entgegenbringen« (Neal a. Neal 2011, S. 89 f.).

Diese Offenheit gegenüber den anderen mit all ihren Sorgen, Fragen, Anregungen und Meinungen ist es, die auch für Sondierungsgespräche mit Mitarbeitern von Bedeutung ist, denn ohne diese Offenheit ist die Gefahr groß, dass Führungskräfte bloß defensive Äußerungen erhalten, aber keine authentischen Beiträge, und deshalb auch nicht wirklich wissen, »was los ist«. Kluge Führung weiß demgegenüber, dass Gespräche um der Gespräche willen nicht wirklich sinnvoll sind, und sie ist sich auch der Tatsache bewusst, dass es die eigene Ungeduld (»impatience«) und die – vorschnelle – Beurteilung (»judgement«) sind, welche die Energien, die eine authentische Beziehung entstehen lassen kann, ersticken. Aus diesem Grunde üben sich kluge Führerinnen und Führer in der besseren Handhabung der »Dimensionen authentischer Mitarbeitergespräche«. Folgender »Selbstcheck« kann dabei helfen, im eigenen Gesprächsverhalten die Dimensionen zu identifizieren, mit denen sie immer und immer wieder – ungewollt – ihrer Ungeduld und ihrer Bewertung Ausdruck verleihen.

		nie	**selten**	**oft**	**immer**
Ansprechend	Ich vermeide Floskeln und spreche das Gegenüber in einer persönlichen Weise an, indem ich mich auf Spezifisches beziehe.				
Unbelastet	Ich lasse bisherige Eindrücke, Erlebnisse und Beurteilungen (des Gegenübers oder der Thematik) bewusst zurück.				
Themenzentriert	Ich verliere Thema und Ziel des Gesprächs nicht aus dem Blick und fokussiere meine Nachfragen und Beiträge entsprechend.				
Heiter	Ich achte darauf, dass ich offen in eine Gesprächssituation gehe und meide Mitarbeitergespräche in Stresssituationen.				

Ernsthaft	Ich bin um Ernsthaftigkeit bemüht und weiß um die subjektive Bedeutung des Gesprächs für mein Gegenüber.				
Nachdrücklich	Ich dränge darauf, dass wir die notwendigen Informationen austauschen, um auch tatsächlich die anstehende Entscheidung treffen zu können.				
Tastend	Bei aller Zielorientierung höre ich aufmerksam zu und versuche, Perspektiven und Anliegen meines Gegenübers zu ertasten.				
Initiativ	Ich nehme das Gespräch »in die Hand« und achte darauf, dass wir uns nicht in Nebensächlichkeiten verlieren.				
Sorgend	Ich frage immer wieder nach, um sicherzustellen, dass mein Gegenüber alles, was ihm wichtig ist, auch ausdrücken kann.				
Constructiv	Ich achte darauf, dass am Ende des Gesprächs beim Gegenüber Klarheit über den nächsten Schritt besteht.				
Hingebend	Ich gebe mich bewusst hin und weiß in Mitarbeitergesprächen, dass deren Ziel und Thema dem Gegenüber dienen soll.				

Tafel 9: Selbstcheck AUTHENTISCH: Dimensionen authentischer Sondierungsgespräche

Auch hier sind es die grau unterlegten Flächen des Selbstchecks, die die Dimensionen markieren, in denen das eigene Führungsverhalten noch »klüger« werden kann. Denn wer diese Dimensionen nicht wirklich »beherrscht«, kann so viele Sondierungsgespräche führen, wie er will, er wird mit seiner *Ungeduld* und seiner *Beurteilung* allein bleiben. Der kategorische Imperativ einer klugen Führung lautet deshalb:

Du musst zum Convener werden! Sprich deshalb stets so (mit Mitarbeiterinnen und Mitarbeitern), dass diese sich ganzheitlich wahrgenommen fühlen und sich authentisch äußern (können).

Regel 10: Üben Sie sich in der Durchführung von Mitarbeitergesprächen!

In vielen Managementbüchern wird die Mitarbeiterorientierung als Kern einer klugen Führung dargestellt. Dabei dient das Mitarbeitergespräch dazu, die

> »Unternehmensziele auch auf Mitarbeiterebene zu kommunizieren bzw. deren Bedeutung für die Tätigkeit eines jeden Mitarbeiters aufzuzeigen. In gewissem Maße besteht die Aufgabe des Managements und der Führungskräfte darin, für die Mitarbeiter Sinn zu stiften« (Lang 2004, S. 75).

Dies bedeutet, dass Führungskräfte die unterschiedlichen Formen und Funktionen von Mitarbeitergesprächen kennen müssen, sie sollten aber auch in der Lage sein, diese in ihrem Führungsalltag professionell einzusetzen. Es können folgende »Anlässe und Formen von Mitarbeitergesprächen« unterschieden werden:

Anlässe und Formen	**Beschreibung**	**Fokus der Führungskraft**
Beurteilungsgespräch	Hier findet eine Leistungsbeurteilung sowie eine Potenzialbeurteilung statt, die zumeist auch dazu dient, die zukünftige Eignung des Mitarbeiters (z. B. für weitere Aufgaben) zu ermitteln. Kriterien sind z. B. Arbeitsmenge, Arbeitsqualität, Fachwissen, Führungs- und Arbeitsverhalten, Belastbarkeit und Engagement.	Ziel ist die möglichst »objektive« Leistungsbeurteilung vor dem Hintergrund klarer und transparenter Kriterien, nicht die »Aushandlung« irgendwelcher Ziele oder das Kennenlernen subjektiver Einschätzungen und Erwartungen.

Tafel 10: Das Beurteilungsgespräch

In *Beurteilungsgesprächen* tritt die Unterschiedlichkeit der Aufgaben und Interessenlagen von Führungskräften einerseits und Mitarbeiterinnen und Mitarbeitern andererseits wohl am deutlichsten zutage: *Der eine beurteilt, und der andere wird beurteilt.* Diese Gegensätze und das Machtgefälle, durch welches ein Beurteilungsgespräch faktisch geprägt ist, können nicht durch joviales Verhalten von Vorgesetzten überspielt oder bagatellisiert werden, ohne dass die Ernsthaftigkeit der Beurteilungssituation beeinträchtigt wird. Ein transparentes Vorgehen, die Erklärung der Kriterien sowie die Begründung der Entscheidung können jedoch dazu beitragen, die Beurteilung zu versachlichen und ungerechtfertigte Ängste und Befürchtungen abzubauen.

Anlässe und Formen	**Beschreibung**	**Fokus der Führungskraft**
Delegationsgespräch	Hier geht es darum, dass Mitarbeitern verantwortliche Tätigkeiten anvertraut werden – ein Schritt, der zugleich motivierend und belastend sein kann. Im Delegationsgespräch ist die Bereitschaft des Mitarbeiters zu eruieren, unter welchen Bedingungen er bereit ist, diese Verantwortung zu übernehmen.	Das Delegationsgespräch ist in seinem Kern ein anerkennendes Gespräch: die Führungskraft signalisiert allein schon durch ihre Absicht, eigene Verantwortung zu delegieren, ihr Vertrauen in die Fähigkeiten des Mitarbeitenden. Dies sollte deutlich artikuliert werden. Wichtig ist zudem, dass die zu erwartenden Belastungen realistisch eingeschätzt und die notwendigen Ressourcen bereit gestellt werden.

Tafel 11: Das Delegationsgespräch

Delegationsgespräche können ein ambivalentes Erleben auslösen: Einerseits signalisieren sie dem Mitarbeiter anerkennend »Ich traue Dir dies zu!«, andererseits sind sie zugleich ein Zielvereinbarungsgespräch: Bisherige Aufgaben und Ziele werden erweitert, weshalb jedes Delegationsgespräch auch mit den Fragen verbunden sein sollte »Trauen Sie sich dies zu?« und »Was benötigen Sie, um diese Aufgabe zusätzlich zu erledigen?«. Dies bedeutet darum auch, dass man im Delegationsgespräch mit dem Mitarbeiter darüber redet, welche Aufgaben er zukünftig abgeben soll, um Zeit und Kraft für die neue Aufgabe zu haben.

Auch die anderen Anlässe und Formen von Mitarbeitergesprächen erfordern eine jeweils spezifische Aufmerksamkeit (Fokus) und eine unterschiedlich deutliche Steuerung (= Grauintensität in der rechten Spalte) von den Führungskräften:

Anlässe und Formen	**Beschreibung**	**Fokus der Führungskraft**
Das Fachgespräch zur Problemlösung	Wesentlicher Bestandteil dieser Gespräche ist ein qualifiziertes Feedback, mit welchem sich auch anerkennende sowie wertschätzende Kommentare des Führungsverantwortlichen verbinden lassen. Ziel ist die möglichst vollständige Erläuterung des Problems (auch und gerade gegenüber der Führungskraft) sowie die Mobilisierung interner Ressourcen zur Lösung.	Das Fachgespräch zur Problemlösung ist zunächst ein »aktives Zuhören« (Gordon), in welchem die Führungskraft sich darum bemüht, möglichst authentisch die Schilderung des Problems durch den Betroffenen selbst zu erfahren. Ohne sogleich selbst Lösungsvorschläge bereitzustellen, geht es in einem weiteren Schritt darum, die eigenen Vorschläge zur Problemlösung zutage zu fördern und gemeinsam zu prüfen, um zu einer tragfähigen Lösung zu gelangen.
Das Förder- und Beratungsgespräch	Hier geht es um die berufliche Fort- und Weiterbildung der Mitarbeiter. Ihre Potenziale und Defizite sind hierfür zentrale Anknüpfungspunkte. Angestrebt wird ein Abgleich der Unternehmensziele und der individuellen Ziele der Mitarbeiter, wobei für den einzelnen realistische Entwicklungsschritte definiert werden sollen.	In diesem Gespräch geht die Führungskraft zwar von einer deutlichen Einschätzung der Anforderungen einerseits und der Leistung und Potenziale des Mitarbeitenden andererseits (Beurteilungsgespräch) aus, sie verzahnt diese jedoch möglichst mit ihren eigenen Entwicklungsvorstellungen und Kompetenzentwicklungsplänen.

Konflikt-gespräch	Als möglichst neutraler Mediator soll die Führungskraft (wenn sie nicht selbst Beteiligter ist) zunächst auf einer Erweiterung der Informationsbasis bestehen, um die Lage auch unabhängig von den subjektiven Darlegungen der Konfliktparteien beurteilen zu können. Ziel ist die Erarbeitung einer möglichen Handlungsalternative.	Im Unterschied zum Fachgespräch für eine Problemlösung handelt es sich bei einem Konfliktgespräch um eine Situation, in der es nicht in erster Linie um ein fachliches Problem, sondern um ein soziales Problem geht, bei dessen Lösung die Beteiligten »mit ihrer Weisheit am Ende sind«. Die Lösung kann deshalb nicht nur selbst erarbeitet werden, sondern bedarf einer Klärung durch Einbeziehung der Führungskraft.
Zielverein-barungsge-spräch	In diesem Gespräch geht es unmittelbar um die Umsetzung der strategischen Ziele bzw. um die Konkretisierung der Kennzahlen für den jeweiligen Bereich eines Unternehmens. Anzustreben ist eine partnerschaftliche »Zielvereinbarung«, durch welche die Identifikation der Mitarbeitenden steigt.	Beim Zielvereinbarungsgespräch geht es zwar auch um eine Vereinbarung, gleichwohl gestaltet die Führungskraft dieses Gespräch durch deutliche Vorgaben und Erwartungen, die nicht »abgelehnt« (wohl aber modifiziert) werden können, ohne die Zielerreichung des Gesamtsystems zu gefährden.
Mitarbeiter-jahres-gespräch	Dieses Gespräch fasst häufig die sechs unterschiedlichen Gesprächsanlässe zusammen und findet in einem regelmäßigen (jährlichen) Turnus statt. Seine Funktion ist ein individueller Vergleich mit den Zielen und der Zielerreichung des einzelnen Mitarbeiters im zurückliegen-den Jahr, das Feedback (z. B. Anerkennung) sowie die Ermittlung von Veränderungs- sowie Weiterbildungsnotwendigkeiten.	Das Mitarbeiterjahresgespräch ist in seinem Kern ein Sondierungsgespräch (s. Regel 9) – verbunden durch den Versuch zu ermitteln, ob es spezifische Gesprächsanlässe auf der Mitarbeiterseite gibt, welche ein Problemlösungs-, Förder- und Beratungs-, Konfliktlösungs- oder Zielvereinbarungsgespräch erfordern.

Tafel 12: Varianten des Mitarbeitergesprächs (nach: Gutschelhofer 2004, S.1223 ff.)

Regel 11: Üben Sie sich in der Kunst eines »vielsagenden Schweigens« in Besprechungen!

Führungskräfte müssen »Farbe bekennen«. Dies bedeutet, dass sie sich nicht in Schweigen hüllen und die Dinge laufen lassen können. Gleichzeitig müssen Führungskräfte zuhören und ihre Entscheidungen möglichst in der Resonanz mit dem System, für das sie Verantwortung tragen, entwickeln. Dies bedeutet eine Absage an alle »einsamen« Entscheidungen, wie sie in der Führungspraxis immer wieder anzutreffen sind. »Einsame Entscheidungen« sind Ausdruck von fehlendem bzw. versäumtem Dialog; sie festigen zudem im Gegenüber das Gefühl: »Auf mich kommt es nicht an, denn ich werde nicht einmal gefragt!« Dadurch werden unnötige Widerstände aufgebaut, die durch einen frühzeitigen Dialog nicht in dieser Schärfe aufgetreten wären. Und Widerstände sind der Sand im Getriebe einer lernenden Organisation. An ihnen können alle noch so gut gemeinten Ziele und Konzepte einer auf Beteiligung, Integration und Verantwortungsdelegation gerichteten Führung wirkungslos verdampfen.

Führung bedeutet beides gleichzeitig: eigene Einschätzungen, Absichten und Bewertungen mitteilen einerseits sowie gezielt sich um die Einschätzungen, Absichten und Bewertungen des Gegenübers kümmern andererseits. Führungskräfte müssen deshalb beides beherrschen: die Kunst der Rede und die Kunst des Schweigens.

Paradoxerweise geht eine verständigungsorientierte Führung mit der »Kunst eines vielsagenden Schweigens« einher. Mit diesem charakterisiert der Wittgenstein-Biograf William W. Bartley die grundlegende Haltung dieses großen Sprachphilosophen in Anbetracht der Unsagbarkeit dessen, was »eigentlich wirkt« – wie es Systemiker ausdrücken würden (Bartley 1999, S. 57). In dem bekannten letzten Satz seines »Tractatus logico-philosophicus« bringt Wittgenstein diese Haltung mit den Worten »Wovon man nicht sprechen kann, darüber muss man schweigen« (Wittgenstein 1963, S. 115) zum Ausdruck und markiert damit eine innere Einstellung zum Geschehen, in der eine große Gelassenheit, aber zugleich auch eine wache Präsenz zum Ausdruck kommt. Wer in diesem Sinne »vielsagend schweigt«, hätte viel zu sagen, doch er spürt auch, dass diese eigene Gewissheit, welche da in ihm zum Ausdruck drängt, auch voller Risiken und Nebenwirkungen ist und ihm nicht nur hilft, sich mit dem Gegenüber und dessen Sicht der Dinge wirksam zu verschränken.

Die Mitarbeiterin eines Großkonzerns der Energiebranche berichtete über ihre Erfahrungen mit Führungskräften: »Also früher – erinnere ich mich – gab es kaum eine Diskussion: die Entscheidungen kamen ›von oben‹, und auch unser Abteilungsleiter verstand seinen Job so, dass er in erster Linie für deren Umsetzung zuständig war. Wie bestimmte Vorgaben im Einzelnen realisiert werden konnten, war kaum Gegenstand von Besprechungen. Man hatte das sichere Gefühl ›Die da oben haben bereits alles ausgeheckt‹. Sein Nachfolger geht ganz anders zu Werke. Zwar hat auch er es ständig mit Vorgaben seiner vorgesetzten Führungskräfte zu tun, doch bringt er diese stets mit der Frage in Besprechungen ein ›Welche Konsequenzen hat dies für uns?‹ Da ist es auch schon vorgekommen, dass er durch solche Diskussionen in seiner Abteilung Hinweise und Nachfragen erhielt, die für ihn Anlass waren, die Vorgaben nochmals neu zu verhandeln. Dadurch haben die Kolleginnen und Kollegen in meiner Abteilung viel deutlicher das Gefühl, dass sie wertgeschätzt und wahrgenommen werden, selbst wenn es darum geht, Vorgaben umzusetzen. Es ist dieses »Wie«, an dem sie beteiligt sind und spüren, dass es auf sie ankommt und nicht bereits alles über ihren Kopf hinweg bestimmt ist. In solchen Besprechungen, wo es um die Frage geht ›Welche Konsequenzen hat dies für uns?‹, habe ich Herrn K., unseren Abteilungsleiter, immer wieder beobachtet und bewundert, weil er in diesen Besprechungen wirklich schweigt und zuhört und sich Notizen macht. Er fasst auch das Besprochene immer wieder sehr pointiert zusammen, sodass alle sich mit ihren Anmerkungen wiederfinden. Irgendwie habe ich das Gefühl, dass der Abteilungsleiter zu uns gehört und sich wirklich um die langfristige Sicherung und den Erfolg unserer Arbeit bemüht.«

Es ist diese zurückhaltende Achtsamkeit, die in diesem Fall Vertrauen entstehen lässt und die Bereitschaft zur Kooperation und Mitgestaltung gewährleistet. Und es ist nicht nur ein bestimmtes Tun der Führungskraft, sondern ihr Nicht-Tun, durch welches der Raum entsteht, in dem sich das System selbst artikulieren und »klar werden« kann.

Führungskräfte müssen »vielsagend schweigen« können, denn indem sie in bestimmten Phasen des Gesprächs schweigen können, vermögen sie genau das auszudrücken, worum es einer systemisch-nachhaltigen Führung gehen muss: Diese ist eine Führung ›vom System her‹, indem sie immer wieder gezielt ermöglicht, dass die Akteure (Mitarbeiterinnen und Mitarbeiter) sich selbst artikulieren – ein Effekt, den Führungskräfte mit noch so wortreichen Statements nicht gewährleisten könnten.

Die Fähigkeit zum vielsagenden Schweigen ist durch drei Kompetenzen gekennzeichnet. Prüfen Sie sich mithilfe der folgenden Checklist, ob und inwieweit Sie diese Fähigkeiten in Ihrem Führungsalltag bereits wirksam werden lassen (siehe Tafel 13).

Führung ist Selbstführung. Führungskräfte sollten sich deshalb darauf konzentrieren, ihr eigenes Verhalten – wie z. B. ihre Führungskommunikation – zu optimieren und auch anderen ihre Selbstführung ermöglichen.

		nie	selten	oft	immer
Redeanteil dosieren können	Ich achte darauf, dass meine Rede prägnant und fokussiert ist (max. 3 Kernaussagen) – ich kläre diese für mich vor der Sitzung!				
	Ich wiederhole meine Argumentationen nicht mehrfach, sondern melde mich nur zu Wort, um neue Aspekte und Gedanken hinzuzufügen.				
	Ich arbeite mit bildhaften Aussagen, die im Gedächtnis bleiben (z. B. »Unser Erfolg ist viereckig« oder »Unser Dreischritt sollte sein ...«).				
Zuhören können	Ich höre aufmerksam zu und achte darauf, dass ich nicht– während der andere noch redet – bereits an meiner Entgegnung arbeite.				
	Ich sammle gezielt Statements, Einschätzungen und Beurteilungen der anderen, um mir ein möglichst deutliches Bild zu machen.				
	Ich mache mir Notizen und versuche (z. B. in einer Mindmap), ein möglichst komplettes Bild von den zutage tretenden Positionen und Aspekten zu zeichnen.				

Nachfragen können	Ich konzentriere mich darauf, möglichst authentisch das Gegenüber zu verstehen und achte ganz gezielt darauf, wie ich heraushöre, was ich bereits »wusste«.				
	Ich vermeide Bewertungen – auch bei Statements und Kommentaren, die mein Anliegen hinterfragen, kritisieren oder andere Entscheidungen anmahnen.				
	Ich versuche aktiv sicherzustellen, dass ich die Kommentare und Beiträge der anderen so verstehe, wie sie sie gemeint haben, indem ich nachfrage.				

Hinweis: Die Selbstprüfungsfragen, bei denen Sie in Ihrer Selbsteinschätzung in den grau unterlegten Feldern bleiben, markieren die Bereiche, in denen Selbstreflexion, Entwicklungen und Veränderungen angezeigt sein könnten.

Tafel 13: Selbstcheck – Kompetenzen eines vielsagenden Schweigens

Regel 12: Inszenieren Sie bewusst die Auseinandersetzung mit Neuem!

Wenn es stimmt, dass Führungskräfte die Weiterbildner ihrer Mitarbeiter sind (Hinz et al. 2008), dann ist von zentraler Bedeutung, wie aufgeschlossen sie sich selbst gegenüber der Entwicklung und Veränderung präsentieren. Es gilt:

Kluge Führung ist wirksame Gestaltung von Unsicherheit und Wandel. Führungskräfte, die dabei in der Lage sind, die Möglichkeiten der Zukunft zu sich sprechen zu lassen, gestalten auch ihr eigenes Leben nach den Gesichtspunkten von Neugier, Offenheit und Lernfähigkeit.

In ihrem Buch *Es ist so. Es könnte auch anders sein* schreibt die Schweizer Wissenschafts-Philosophin Helga Nowotny:

> »In jedem Frage-Antwort-Konnex entsteht ›mehr‹, als gefragt wurde. Dieser (materiale) Rest ist es, der immer wieder neue Lücken in unserem Verständnis eröffnet. Wenn sich ›große‹ Fragen anhand ›kleiner‹ Daten stellen lassen, so verschwindet der Unterschied zwischen groß und klein. (...) Der relativierende Effekt multipler Perspektiven lässt alles nur partiell erscheinen; die Wiederkehr ähnlicher Behauptungen und Informationsstücke lässt alles mit allem verknüpft erscheinen« (Nowotny 1999, S. 118).

Diese relative Offenheit der Zukunft stellt bisherige Gewissheiten infrage. Kluge Führung kann sich deshalb nicht länger nur auf die eigenen Eindrücke verlassen, und sie muss auch um die Gefahren wissen, die von dem Festhalten an alten Gewissheiten ausgehen können (vgl. Regel 5). In einer zusammenfassenden Übersicht lassen sich die Leitaspekte einer Führung, die entwicklungsorientiert ist, wie folgt zusammenstellen:

Erweiterung	Es geht nicht allein um Strukturen, Organigramme, Zuständigkeiten und Stellenbeschreibungen. Solche Festlegungen tendieren zur Starrheit. Eine lebendige Organisation lebt demgegenüber von der Einbindung und Nutzung der Potenziale ihrer Mitglieder. Diese wollen sich in den Anliegen und Arbeitsweisen der Organisation wiederfinden können. *Organisationen bestehen aus Sinnwelten.*
Neuerung	Wenn das Außen sich beständig ändert, kann auch die Organisation nicht in starren Routinen verharren. Aus diesem Grunde ist die Wertschätzung des Neuen und der gestaltende Umgang mit Neuerungen von grundlegender Bedeutung für jegliche Art der Organisationsentwicklung. *Organisationen sind in ihrem Kern fluide Kontexte des sozialen Handelns.*
Teambildung	Organisationen leben nicht durch das heroische Management einzelner Personen, sondern durch die erfolgreiche Kooperation vieler. Damit Menschen konstruktiv kooperieren, ist es wichtig, dass sie sich als wichtig und zuständig erleben können. Mitarbeiter- und Ressourcenorientierung ist deshalb die zentrale Grundlage erfolgreicher Team- bzw. Kollegiumsentwicklung – Wertschätzung durch glaubwürdige Delegation von Verantwortung eine andere. *Organisationen entwickeln sich durch erfolgreiche Kooperation.*
Wertbezug	Menschen möchten nicht nur Dinge erledigen, sondern an einer wichtigen Aufgabe mitwirken. Aus diesem Grunde ist die Frage »Welchem wichtigen Anliegen für Mensch und Gesellschaft widmen wir uns?« von zentraler Bedeutung für eine energiereiche Organisationsentwicklung. *Organisationen leben durch einen spürbaren Wertbezug ihrer Arbeit.*
Interpretation	Menschen interpretieren die Welt und ihr Handeln darin. Dies gilt auch für ihre Arbeit im Rahmen von Organisationen. Diese müssen Menschen deshalb Interpretationsspielräume bieten und sie zur Mit- und Uminterpretation der Aufgaben und Lösungswege einladen. Dadurch entwickeln sich gleichzeitig die berufliche Identität der Einzelnen und eine Organisationsidentität des verbindenden Ganzen. *Organisationen brauchen Interpretationsspielräume.*

Coaching	Lernende Organisationen sorgen sich um Feedback, d. h. um die Frage, wie andere sie sehen und was sie selbst – aufgrund ihrer Routinen – übersehen. Coaching ist eine wichtige Form, sich systematisch den Blick von außen zu »organisieren« – als Führungskraft, als Kollegium oder als einzelne Lehrkraft. *Lernende Organisationen kümmern sich um ihre »blinden Flecken«.*
Kommunikation	Der soziale Stoff, aus dem Organisationen entstehen, ist die formelle und informelle Kommunikation. Aus diesem Grunde ist die Bereitstellung von »Gefäßen« und Formen, in denen arbeitsbezogen kommuniziert, Konflikte angesprochen und geklärt sowie verbindliche Einigungen erzielt werden können, eine wichtige Ausdrucksform des Organisationalen. *Organisationen drücken sich durch die Formen ihrer Kommunikation aus.*
Eindeutigkeit	Das Fluide des Organisationalen erfordert klare Vorstellungen darüber, mit welchen Schritten in welche Richtung gegangen werden soll. Nur wenn alle Beteiligten erkennen können, was von ihnen erwartet wird, sind sie auch zu einem deutlichen Commitment in der Lage und können sich positionieren. Kurz-, mittel- und langfristige Planungen erhalten so ihre Bedeutung ebenso wie klare Visionen und Leitbilder. *Organisationen entstehen durch ihre Zielklarheit und Ablaufsicherheit.*
Leadership	Die Führungskräfte spielen eine veränderte, aber nach wie vor zentrale Rolle in der Organisationsentwicklung. Sie müssen lernen, komplexe Organisationen nicht nach eigenen Ratschlüssen zu führen und zu gestalten, sondern einen tragfähigen und lebendigen Wandel zu ermöglichen. Führungskräfte sind dann erfolgreich, wenn die Organisation lernt und sich entwickelt. *Leadership ist Ermöglichung von Capacity Building und Organisationslernen.*
Netzwerkbildung	Organisationen bewegen sich stets in einem z. B. regionalen oder organisatorischen Umfeld von Stakeholdern und potenziellen Kooperationspartnern. Netzwerkbildung verknüpft die eigene Organisation mit den relevanten Interessen und nutzt die Potenziale möglicher organisationsübergreifender Kooperationen und Ressourcenteilung. Sie ermöglicht es den einzelnen Organisationen damit, mehr zu können, als sie eigentlich können. *Vernetzte Organisationen erschließen und nutzen neue Perspektiven.*

Tafel 14: Aspekte und Ansatzpunkte einer entwicklungsorientierten Führung (ENTWICKELN)

Diese Aspekte und Ansatzpunkte einer entwicklungsorientierten Führung beziehen sich auf die Auffächerung dessen, was die »Beteiligung der Betroffenen« einerseits sowie die (stärker) »strategische Führung« andererseits für die konkrete Entwicklungsarbeit vor Ort, d. h. an den Arbeitsplätzen, in den Teams und bei den Einzelnen, bedeuten kann. Führungskräfte, die ihr Handeln als einen Beitrag zur Entwicklung verstehen, können sich anhand des Akronyms ENTWICKELN selbst prüfen, welche Aspekte einer Entwicklungsförderung sie bereits realisieren und um welche sie sich zukünftig verstärkt kümmern sollten.

Regel 13: Üben Sie sich im Kompetenzdialog!

Eine kluge Führungskraft führt die Mitarbeiter auch von ihren eigenen Kompetenzentwicklungszielen her. Die Ausgangsfrage ist dabei stets: »Welche Kompetenzen möchten Sie für sich verbessern bzw. erweitern?« Diese Frage ist klarer als die bekannte Frage: »Was möchten Sie später einmal sein (z. B. in fünf oder zehn Jahren)?« Indem die Führungskraft durch den Blick auf die Zukunft des Personals führt, führt sie das System von seinen Potenzialen her. Und dabei »verschieben« sie auch »den inneren Ort, aus dem heraus ein System handelt« (Scharmer 2009, S. 380), wie C. Otto Scharmer vom MIT in Boston schreibt. An anderer Stelle präzisieren C. O. Scharmer und Kathrin Käufer, was dieses »Lernen als Begegnung mit dem Werdenden Selbst« (Scharmer u. Käufer 2011, S. 35 ff.) für eine kluge Führung bedeutet:

> »Die Herausforderungen, mit denen sich Führungskräfte heute konfrontiert sehen, sind bestimmt durch hohe Komplexität, Volatilität und tiefgreifende ökonomische, ökologische und soziale Umbrüche. (…) D. h., sie haben es mit Herausforderungen zu tun, die von den beteiligten Akteuren nicht nur neue technische, sondern auch neue soziale und selbsttransformative Fähigkeiten erfordern und das nicht nur als individuelle Führungskraft, sondern auch als Organisation und als Gesamtsystem« (ebd., S. 35).

Für Führungskräfte, die sich darum bemühen, von der Zukunft ihrer Mitarbeiter her zu führen, ist deshalb die Frage nach deren – möglicher – Kompetenzentwicklung grundlegend. Diese können Führungskräfte nicht alleine beantworten, aber sie können »einen Kontext für Selbstveränderung« (ebd.) und angeleitete Selbstreflexion schaffen, der die Mitarbeiterinnen und Mitarbeitern nicht nur mit der o. g. Ausgangsfrage »Welche

Kompetenzen möchten Sie für sich verbessern bzw. erweitern?« konfrontiert, sondern ihnen auch die Möglichkeit eröffnet, sich selbst systematisch mit dieser Frage auseinanderzusetzen. Eine kluge Führung lässt somit aus Führungskräften Experten für die Schaffung von Kompetenzentwicklungskontexten werden – ein neuer Akzent in der Führungskräftedebatte.

Führungskräfte führen »von der Zukunft her« (Scharmer 2009), indem sie nach den – möglichen – Kompetenzen ihrer Mitarbeiter fragen und Kontexte schaffen, in denen Kompetenzreflexion und Kompetenzentwicklung möglich werden.

Eine Mitarbeiterin eines Großunternehmens der Chemiebranche berichtete darüber, wie sie selbst auf die Frage der Kompetenzentwicklung »gestoßen« worden sei, wie sie es ausdrückte: »Also, ich muss schon zugeben, zunächst fand ich das unerhört: Da kam dieser neue Abteilungsleiter aus den USA, und statt dass er uns sagt, welche Vorstellungen er von der zukünftigen Ausrichtung seiner Abteilung habe, fängt er an, uns zu fragen, welche Vorstellungen denn wir hätten. Ich erinnere mich noch daran, dass eine seiner Fragen gewesen ist: ›Warum arbeiten Sie hier? Welche Kompetenzen möchten Sie denn in ihrem Leben aus sich herausentwickeln und welche Rolle spielt dabei der Kontext, in dem sie jetzt arbeiten?‹ Damals dachte ich nur: ›Ja, hat denn der keine eigenen Vorstellungen? Der hat gut reden: Ich arbeite hier, weil die mich genommen haben. Und seine Aufgabe ist es, mir klar zu sagen, was ich zukünftig zu tun haben werde!‹ Um es kurz zu machen: Natürlich schilderte uns der neue Abteilungsleiter, welche Schwerpunkte er in der nächsten Zeit zu setzen beabsichtige und welche Ziele er mit der Abteilung verfolge bzw. zu verfolgen habe. Aber diese enthüllte er erst am dritten Tag des sogenannten ›Kickoff-Workshops‹. Vorher stieß er uns zwei Tage lang immer wieder auf die Frage nach unseren eigenen Vorstellungen und brachte wirklich alle dazu, ›Farbe zu bekennen‹. Dies klingt jetzt irgendwie zu hart, was ich sagen will, ist: Es war wirklich bewegend, welche Prozesse er dadurch anstieß. Das hätte ich nie für möglich gehalten: Selbst die Skeptiker in unserer Abteilung gaben plötzlich zu erkennen, wie sie sich ihre berufliche und private Zukunft vorstellten, und alle konnten deutlich artikulieren, was sie gerne noch ›aus sich machen‹ würden, wenn sie die Möglichkeit dazu erhielten. Diese persönlichen Kompetenzentwicklungsbilder hingen am Ende des zweiten Tages überall an den Wänden des Seminarraums. Und ich muss schon sagen: Es war beeindruckend, wie es Herr Lorenz, so hieß der neue Abteilungsleiter, verstand, seine eigenen Vorhaben mit diesen Planungen zu verbinden: Er hatte keine Powerpoint-Präsentation dabei, sondern zeichnete ein Bild, welches er aus den persönlichen Potenzialen, die er in den zwei Tagen zuvor erfahren hatte, heraus entwickelte. So stand am Ende dieses Prozesses etwas Gemeinsames. Und Herr Lorenz sagte noch: ›Was das jetzt im Einzelnen für jeden von Ihnen bedeutet, das besprechen wir in Kompetenzentwicklungsdialogen, die ich in den nächsten drei Wochen als Einzelgespräche mit jedem von Ihnen führen werde‹. Ich dachte nur: ›Wow, das war jetzt wirklich klug und geschickt!«

Vier Schritte eines Kompetenzdialogs

Die folgenden vier Schritte markieren eher Funktionen als eine Reihenfolge von Kompetenzentwicklungsaktivitäten (siehe Tafel 15). Dies bedeutet, dass die Aktivitäten einzelner Schritte auch in fortgeschritteneren Stadien »vorkommen« können bzw. auch wegfallen können (nach: Kossack 2009, S. 58).

Ein Kompetenzdialog ist ein Personalentwicklungsgespräch, in dem die Führungskraft (oder der Personalentwickler) in einem Einzelgespräch mit seinem Gegenüber diese vier Stufen durchläuft. Wichtig ist, dass die markierten Konkretisierungsschritte auch tatsächlich erreicht und dokumentiert werden. Es muss am Ende für beide Seiten deutlich sein, was jetzt als Nächstes geschieht und welchem langfristigen Ziel die vereinbarte Kompetenzentwicklung dienen soll.

Schritte bzw. Prozessfunktionen	Aktivitäten
Orientierung	• in Kontakt kommen • kennenlernen (mit Kurzpräsentation des eigenen Portfolios • Rollen (er)klären (z. B. Aufträge von Zweiten etc.) • Rahmenbedingungen (Zeitrahmen, Perspektiven) • Anliegenklärung (ggf. Priorisierung) **Konkretisierungsschritt 1: Zielvereinbarung**
Klärung	• Ist-Beschreibung (Kontext, Vorgeschichte, Wandel) • Klären der Zukunftserwartungen • Gespräch über Erfolge und Erfahrungen mit bisherigen Lösungsansätzen • Klärung des Vorgehens **Konkretisierungsschritt 2: Auftragsklärung (Zielpräzisierung)**
Entwicklung	• neue Perspektiven entwickeln • Erarbeiten verschiedener Lösungsmöglichkeiten/ Handlungsalternativen • Gespräch über die verschiedenen Konsequenzen und Bewertung der Handlungsalternativen • Entscheidung fällen • Entwickeln von Teilzielen **Konkretisierungsschritt 3: Konkrete Maßnahmenplanung**
Ausblick	• Ergebnis festhalten • Transfer sichern • Evaluationskriterien bzw. -maßnahmen klären • Feedback und Bewertung des Gesprächs **Konkretisierungsschritt 4: Ggf. nächste Schritte im Kompetenzdialog vereinbaren**

Tafel 15: Vier Schritte eines Kompetenzdialogs

Regel 14: Fördern Sie gezielt die Teamentwicklung!

Teamentwicklung stellt das zentrale Anliegen einer modernen Personalentwicklung und Personalführung dar. Indem Führungskräfte sich darum bemühen, aus einzelnen Mitarbeitern »Teams« werden zu lassen, richten sie einen vierfachen Blick auf das soziale Geschehen in ihrer Abteilung oder ihrer Arbeitsgruppe. Dieser vierfache Blick bezieht sich auf die Aspekte:

Eigencheck: Wie steht es um ...?			-	- -	+	++
Sach-ebene	Zielorien-tierung	Arbeitet das Team deutlich zielfokussiert? Sind die wesentlichen Ziele allen Akteuren bewusst und werden sie kommuniziert?				
	Aufgaben-bewältigung	Steht die Bewältigung der Aufgaben im Vordergrund der Aktivitäten oder gibt es »Ablenkungsthemen«? Sind die Akteure sichtbar um Effizienz und Effektivität bemüht?				
Bezie-hungs-ebene	Zusammen-halt im Team	Herrschen Kooperation, wechselseitige Unterstützung und Loyalität gegenüber dem Ganzen vor? Werden Konflikte »in Zaum gehalten« und intern gelöst, ohne die Synergien zu beeinträchtigen?				
	Verantwor-tungsüber-nahme	Funktionieren Delegation und Vertrauen im Team? Wird Verantwortungsübernahme gezielt ermöglicht und »honoriert«?				

Tafel 16: Selbstcheck – Die Vierdimensionalität der Teamentwicklung

Das Zusammenwirken von Sach- und Beziehungsebene in Organisationen wird gerne mit dem Eisbergmodell veranschaulicht, wofür man auch die Bezeichnung »Titanic-Phänomen« verwendet: Die Sache, um die es geht, ist häufig mehr oder weniger klar, doch ist diese nur die Spitze des Eisberges, der bei Weitem größere Teil des Organisationslebens ist unsichtbar und wirkt unter der Oberfläche destruktiv. Die Kooperation kann misslingen – selbst, wenn alles klar zu sein scheint. Es sind die Ängste, Einstellungen, Vorbehalte und (negativen) Erfahrungen, die ein Projekt versenken können.

Während eines Schulentwicklungsprojektes wurden im Rahmen eines Studientages auch Projektgruppen gebildet, deren Aufgabe es sein sollte, arbeitsteilig jeweils einen der fünf Wandlungsbereiche, die man gemeinsam für den »Weg zu einer gewaltfreien und humanen Schule« identifiziert hatte, auszugestalten. In der Gruppe, die sich mit dem Bereich ›Gewaltprävention‹ beschäftigen wollte, kam die Arbeit nicht recht in Gang. Von Anfang an konkurrierten zwei rivalisierende Fraktionen miteinander: Die einen wollten die Präsenz der Lehrkräfte auf dem Pausenhof intensivieren, um bei jeder kleinen Rempelei sofort zugegen sein zu können, die anderen pochten auf ihr Recht auf »Erholung und Regeneration«, wie sie es nannten. Schnell landete man bei persönlichen Angriffen, wie »Letztlich geht es Euch doch nur um Euer Wohlbefinden!« oder »Man sollte auch nicht jede Schulsituation pädagogisieren!« Die Wortführer der beiden Fraktionen entstammten zudem ganz unterschiedlichen Lagern im Kollegium: Während der Vertreter der Erholungsinteressen der Lehrkräfte auch als Personalratsvertreter stets die Standesinteressen in den Vordergrund zu rücken suchte, war der Repräsentant des Konzeptes »Präsenz auf dem Pausenhof« als engagierter und aufstrebender Pädagoge bekannt, der in fast jeder Diskussion für grundlegende Veränderungen und Verbesserungen der Unterrichts- und Schulpraxis eintrat. Rasch hatten alle Beteiligten den Eindruck, dass sich in ihrer Projektgruppe eine Konstellation wieder aufbaute, die ihnen ach zu bekannt war, und sie glaubten nicht daran, sich wirklich zielorientiert einigen zu können (Arnold u. Arnold-Haecky 2009, S. 128 f.).

Dieses Beispiel zeigt, dass Teams zwar eine klare Aufgabe sowie gemeinsame Ziele benötigen, doch garantiert dieses allein noch keinen Erfolg. Notwendig sind vielmehr auch ein Wir-Gefühl sowie die Entwicklung einer Kooperationskultur, die durch »elegante«, d. h. hilfreiche und lösungsorientierte Formen der Kommunikation und Konfliktlösung gekennzeichnet ist. Für ein kluges Leadership ist deshalb die Regel grundlegend:

Führungskräfte müssen in der Organisation gezielt auf die Kooperationskultur achten und diese gezielt fördern sowie ebenso die Erreichung der Ziele und die Bewältigung der Aufgaben im Blick behalten.

Der Teambildungsprozess

Erfolgreiche Teamentwicklung setzt nicht nur eine Kooperationskultur voraus. Es ist auch notwendig, Schritt für Schritt vorzugehen und nicht alles auf einmal zu erwarten. Vielmehr benötigen Gruppen Zeit, um sich zu Teams zu entwickeln. Diese Entwicklung ist üblicherweise krisenhaft, d. h., es kommt immer mal wieder zu Uneinigkeit und auch zu Konflikten. Und nur durch die erfolgreiche Bewältigung dieser Krisen gelingt es den Gruppen dann auch, zu einer weiteren Reifungsstufe voranzuschreiten. Wolfgang Staehle referiert eine bewährte Phaseneinteilung der Gruppenentwicklung, die auch geeignet ist, erfolgreiche Teamentwicklungen zu beschreiben.

Phase	Gruppenstruktur	Aufgabenbearbeitung
1. Forming	Unsicherheit, Abhängigkeit von einem Führer, ausprobieren, welches Verhalten in der Situation akzeptabel ist	Mitglieder definieren die Aufgaben, die Regeln, die geeigneten Methoden.
2. Storming	Konflikte zwischen Untergruppen, Aufstand gegen den Führer, Polarisierung der Meinungen, Ablehnung einer Kontrolle durch die Gruppen	Emotionale Ablehnung der Aufgabenorientierung
3. Norming	Entwicklung von Gruppenkohäsion, Gruppennormen und gegenseitiger Unterstützung, Widerstand und Konflikte werden abgebaut bzw. gereinigt	offener Austausch von Meinungen und Gefühlen, Kooperation entsteht
4. Performing	interpersonelle Probleme gelöst, Gruppenstruktur ist funktional zur Aufgabenerfüllung, Rollenverhalten ist flexibel und funktional	Problemlösungen tauchen auf, konstruktive Aufgabenbearbeitung, Energie wird ganz der Aufgabe gewidmet (Hauptarbeitsphase)

Tafel 17: Phasen der Gruppenentwicklung nach Tuckman (zit. n. Staehle 1989, S. 256)

Regel 15: Gestalten Sie die Lernende Organisation!

Das Konzept der Lernenden Organisation (Argyris u. Schön 2002) ist ein Catch-all-Konzept: Es gibt kaum eine Organisation, deren Führungskräfte nicht von ihr behaupten, sie sei eine »lernende« Organisation. Doch oft handelt es sich dabei bloß um rhetorische Neuverkleidungen der Fortsetzung des Bisherigen. Solchen Führungskräften entgeht die Radikalität dieses Konzeptes. »Lernende Organisationen« sind nämlich durch eine veränderte Kooperations- und Führungspraxis gekennzeichnet. Wer Wert auf das Lernen seiner Organisation legt, muss systematisch alle Lernhemmnisse beseitigen, die die Motivation, den Mut und die Veränderungsbereitschaft der Mitarbeiterinnen und Mitarbeiter einengen. Diese müssen spüren können, dass die Dinge sich verändern »dürfen« und dass es dabei auf sie ankommt, hier Impulse zu setzen und Innovationen zu gestalten. Zwar tragen Führungskräfte weiterhin eine zentrale Verantwortung für den Erfolg, aber sie haben erkannt, dass sie diesen nur gewährleisten können, wenn sie sich gezielt um das Lernen ihrer Mitarbeiter kümmern.

Führungskräfte sind für die Ermöglichung von Lernräumen zuständig. Ihr Erfolg bemisst sich danach, ob es ihnen gelingt, Lebendigkeit, Bewegung, Engagement und Suchbewegungen für die Einzelnen zuzulassen und zu initiieren oder nicht.

In diesem Zusammenhang sind Wertschätzung und Sich-einmischen (Beteiligung) wichtige Aspekte: Lernende Organisationen entwickeln sich, wenn in ihnen ein Klima entsteht, in dem die Beteiligten klar erkennen können, worum es geht, aber gleichzeitig wissen und im täglichen Umgang spüren können, dass das gemeinsame Geschehen nicht eine – andernorts gefertigte – Mischung von Aufgaben, Zuständigkeiten, Rollenbeschreibungen und Ablaufregelungen darstellt, sondern von ihnen selbst in der Kooperation ausgestaltet und entwickelt werden kann. Lernende Organisationen sind deshalb durch ein transparentes und zielklares, aber auch durch ein gestaltungsoffenes Beteiligungsmanagement gekennzeichnet.

Der Manager eines Softwareunternehmens drückte seine Erfahrungen gegenüber seinem Coach so aus: »Ehrlich gesagt ist es so, dass ich mich ständig darum bemühen muss, mich zurückzuhalten und nicht hinzuzuspringen und bis ins Detail hinein die Dinge zu kontrollieren und zu verbessern. Erst durch diesen Coachingprozess habe ich erkannt, dass ich mit einem solchen ›Durchregieren‹ nur mir selbst und meinen alten Bildern von Führung diene. Es war nicht leicht zu erkennen, dass ich dadurch oft mehr Verwirrung stifte und die Prozesse abbremse. Viel verheerender allerdings ist das Misstrauen, das ich mit solchen Aktionen immer wieder neu ausdrücke. Kein Wunder, dass mir mein Team mein Gerede über die Schaffung einer lernenden Organisation nicht wirklich abnahm. Heute würde ich sagen: ›Das Lernen einer Organisation beginnt mit dem Umlernen der Führungskräfte. Diese benötigen wie einen anderen Fokus. Sie starren nicht mehr länger – wie die Schlange auf das Kaninchen – ausschließlich auf ihre produkt- und prozessbezogenen Kennzahlen, sondern haben auch die Prozesse der Entstehung des Neuen im Blick.‹ Ich bin mittlerweile auch paradox eingestellt: Ich achte darauf, dass regelmäßige Infragestellungen und neue Vorschläge in ausreichendem Maße artikuliert werden.«.

Gilbert Probst hat eine Liste von Empfehlungen für den gestaltenden Umgang mit komplexen Situationen zusammengestellt, die in ihrem Kern Vorschläge darstellen, um das Lernen der eigenen Organisation systematisch zu fördern. In dieser Liste wird eine *neue Haltung der Führungskräfte gegenüber »ihrer« Organisation*, deren Teil sie gleichzeitig sind, deutlich. Es zeigt sich: Führung muss weniger von dem Bemühen um Defizitvermeidung und -beseitigung getragen sein, als vielmehr von dem systematischen Bemühen, Einschränkungen und Hemmnisse für eine motivierte und systemische Eigendynamik der Einzelnen und der Teams zu erkennen und abzubauen.

Grundsatz	Konkretisierung
Behandeln Sie das System mit Respekt!	Sehen Sie, was da ist! Werten Sie nicht! Zeigen Sie Empathie! *Muten Sie sich nicht einfach zu, sondern tragen Sie für Ihre eigene positive Energie Sorge, bevor Sie auf andere zugehen oder gar »intervenieren«!*
Lernen Sie, mit Mehrdeutigkeit, Unbestimmtheit und Unsicherheit umzugehen!	Leben Sie Ambiguitätstoleranz! *Bleiben Sie misstrauisch gegenüber allen glatten Entwürfen und eindimensionalen Erklärungen und Ursachenzuschreibungen! Gehen Sie davon aus, dass alles auch ganz anders sein könnte und vielfach auch ist!*
Erhalten und schaffen Sie Möglichkeiten!	Erfragen Sie Alternativen! Nutzen Sie die Ressourcen des Systems! Knüpfen Sie an positiven Energien an! *Erkennen Sie Stillstände, Routinen, Wohlgefälligkeiten und Eigenlob! Es gibt nichts, was nicht weiter optimiert werden könnte, und andere Perspektiven führen zu anderen Bildern!*
Erhöhen Sie Autonomie und Integration!	Erhöhen Sie die Selbstständigkeit und Selbstverantwortung! *Erarbeiten Sie nicht alles selbst, sondern üben Sie sich in der Verantwortungsdelegation! Bevor Sie eine Regelung in Kraft setzen, fragen Sie sich, wer an ihrer Entwicklung beteiligt gewesen ist! Fällt Ihnen niemand ein, so haben Sie nur eine zweitbeste Lösung entwickelt!*
Nutzen und fördern Sie das Potenzial des Systems!	Entfalten Sie die Selbstkontrolle! *Vermeiden Sie unnötiges Hinzuspringen! Fragen Sie sich stets, welchem inneren Bild Ihr Handeln (wieder einmal) gerecht wird und verdeutlichen Sie sich, wie wenig Sie in solchen Momenten mit dem Gegenüber tatsächlich in Kontakt sind!*

Definieren und lösen Sie Probleme auf!	Suchen Sie nicht nach Schuldigen, sondern analysieren Sie das System! *Sämtliche Schuldzuschreibungen lähmen die Synergie der Kooperation. Selbst, wenn Sie ganz sicher zu sein glauben, suchen Sie unerschöpflich nach Wegen, das positive Potenzial der »schuldigen« oder »schwierigen« Mitarbeiter zu erkennen und zu fördern.*
Beachten Sie die Ebenen und Dimensionen der Gestaltung und Lenkung!	Stützen Sie die Entwicklung hin zu einer lernenden Organisation! *Konzentrieren Sie sich – wie ein Wissenschaftler – auf einen Gesamtblick auf das Geschehen! Reagieren Sie nicht auf das Unmittelbare, sondern rücken Sie Ihre Reaktion in den Gesamtkontext!*
Erhalten Sie Flexibilität und Eigenschaften der Anpassung und Evolution!	Betrachten Sie Probleme und Lösungen aus verschiedenen Blickwinkeln! *Jede Frage hat mehrere Seiten! Fragen Sie nach den Perspektiven, aus denen heraus die wichtigen Akteure das Geschehen beurteilen!*
Streben Sie vom Überleben hin zu Lebensfähigkeit und letztlich nach Entwicklung!	Lernen Sie antizipatorisch! Installieren Sie Frühwarnsysteme! *Führen Sie in regelmäßigen Abständen Zukunftsworkshops bzw. strategische Zukunftsdebatten durch! Erfinden Sie Ihren Zuständigkeitsbereich gemeinsam neu!*
Synchronisieren Sie Entscheidungen und Handlungen im System mit zeitgerichtetem Systemgeschehen!	Seien Sie flexibel! *Nicht jede Frage benötigt sofort eine Antwort oder gar eine Reaktion! Durchdenken Sie Ihr Handeln vom Ende her immer wieder neu! Setzen Sie auch auf die Selbstklärungs- und Selbstheilungskräfte des Systems und achten Sie darauf, dass Ihr eigenes Bild nicht der tatsächlichen Veränderung (in den Beurteilungen, Motiven und Aktivitäten) hinterherhinkt!*
Halten Sie die Prozesse in Gang!	*Vermeiden Sie Aktionismus! Setzen Sie keine Prozesse in Gang, deren Verlauf Sie nicht im Blick behalten! Deshalb: Beschränken Sie sich auf die Steuerung von Kernprozessen und behalten Sie die Übersicht!*

Es gibt keine endgültigen Lösungen!	Lösungen sind zeit- und situationsabhängig! *Vermeiden Sie Rigidität! Spüren Sie genau, wie stark Sie selbst an bestimmten Lösungen hängen, und artikulieren Sie sich zu diesen besonders zurückhaltend!*
Balancieren Sie die Extreme!	Vermeiden Sie Polarisierungen! *Immer dann, wenn Sie Gegnerschaft erleben, analysieren Sie die Situation besonders gründlich und erproben Sie empathische, wertschätzende und integrative Interpretationen der Situation!*

Tafel 18: Systemische Führungsgrundsätze (kursiv erweitert nach: Probst 1987, zit. nach von Saldern 2010, S. 176)

Regel 16: Üben Sie sich im Capacity Building, der systematischen Förderung der personellen und organisatorischen Vernetzung!

Kluge Führung misst Ihre Erfolge an den Kapazitäten, deren Entwicklung sie zu initiieren, zu bündeln und zu entwickeln vermag. Sie ist somit immer eine vernetze und die Selbststeuerung des Systems fördernde Aktivität. Gleichzeitig wird Capacity Building (vgl. Eade 1997) als die gezielte Verknüpfung von persönlicher Weiterentwicklung, systematischer Personalentwicklung und Organisationsentwicklung angesehen, deren Ziel es ist, die Fähigkeiten des Systems und der Akteure, den Wandel erfolgreich zu gestalten, zu optimieren (vgl. Senge u. a. 2011). In diesem Sinne stellte Peter Senge in einem Interview fest,

> » (…) dass es in der Tat möglich ist, praktische Grundfertigkeiten im Systemdenken und grundlegende Reflexionsfertigkeiten für den Aufbau einer wirklich gemeinschaftlichen Vision zu entwickeln und zu verinnerlichen. (…) Anders ausgedrückt, man entwickelt etwas mehr Bescheidenheit im Hinblick auf seine eigenen klugen Ideen, die vielleicht nicht immer so wirkungsvoll sind, wie man erwartet, und man versteht ein bisschen besser, dass es tatsächlich gute Gründe gibt, warum unterschiedliche Menschen in einem komplexen System sehr, sehr unterschiedliche Ansichten darüber haben können, wie man eine Situation verbessern sollte« (Senge 1996, S. 494).

Kluge Führung sieht nicht nur das Ganze, sie ist auch gezielt darum bemüht, die Ressourcen der Akteure zu erkennen, zu verknüpfen und zu stärken, um die Kapazitäten des Systems selbst entwickeln zu helfen. Ein solches Capacity Building ist in diesem Sinne die »Schaffung von Netzwerken, um soziales Zusammenwirken zu stärken« (Horelli 2003) und eine »Verbesserung« (Stringer 2008) zu bewirken.

Führen durch Vernetzung

Insbesondere in den internationalen Debatten um die Frage, wie die Entwicklung von Einzelnen, Gruppen (Teams), Organisationen und Regionen sinnvoll angeregt, begleitet und unterstützt werden kann, hat man in den letzten Jahren ein stärkeres Augenmerk auf die Schaffung und Nutzung informeller Netzwerke gelegt. Eine kluge Führung – so die Quintessenz entsprechender Überlegungen – ist mehr und mehr auch darauf angewiesen, soziale Kooperationen zu gestalten, die nicht in erster Linie durch das Band von Position und Machtausübung »zusammengehalten« werden, sondern durch Verknüpfung. Folgt man den Untersuchungen von Manuel Castells, so entsteht in der Informationsgesellschaft eine neue Strukturierung der Belegschaften, die sich aus ihrer Position und ihren Möglichkeiten im Netzwerk ergeben. Castells unterscheidet:

- »die Vernetzer, die auf eigene Initiative hin Verbindungen schaffen – etwa gemeinsame Konstruktion mit anderen Unternehmensabteilungen – und auf den Routen des Netzwerk-Unternehmens navigieren;
- die Vernetzten, Beschäftigte, die online sind, ohne aber zu entscheiden, wann, wie, warum und mit wem;
- die abgeschalteten Beschäftigten, die an ihre spezifischen, durch nicht-interaktive Einbahn-Befehle definierten Aufgaben gebunden sind« (Castells 2004, S. 275).

Aus dieser Auffächerung ergibt sich für den Spanier eine Rollendifferenzierung in den Unternehmen zwischen

- »den Entscheidern, die in letzter Instanz die Entscheidungen fällen,
- den Partizipierenden, die in die Entscheidungsfindung eingebunden sind,
- den Ausführenden, die Entscheidungen lediglich umsetzen« (ebd.).

Führungskräfte, die an der Stärkung und Entwicklung der Systemkapazitäten interessiert sind, müssen deshalb die Vernetzung zwar anregen, unterstützen und fördern, sich dabei aber zugleich darum bemühen, gezielt Partizipationsräume und Möglichkeiten der Mitgestaltung für alle Netzwerkpartner zu schaffen und den Geist der Selbststeuerung am Leben zu erhalten.

Führung als Moderation der betrieblichen Selbstorganisation

Die Aufgabe kluger Führungskräfte wandelt sich dabei »von heldenhafter Führung *im* System zu weiser Führung *am* System« (Doppler 2009, S. 4) – eine Rolle, die bewusst dazu beiträgt, die Selbststeuerung einer Organisation zu entwickeln, und deshalb folgendem Muster folgt:

> »Reinhören in das System, um die grundsätzlich vorhandene Gestaltungsenergie zu erkunden bzw. zu erspüren (1), je nach Situation des Unternehmens gezielte Impulse setzen, um vorhandene Energiefelder zu öffnen, miteinander zu verknüpfen und zu bündeln (2), genau beobachten und analysieren, wie sich die Impulse auswirken (3), gegebenenfalls dem System zur Reaktion ausreichend Zeit geben, sich zu erproben, oder den eigenen Impuls verstärken bzw. anders ausrichten (4) – und parallel durch konfrontativen Dialog die Betroffenen immer wieder dazu ›zwingen‹, sich mit den Anforderungen nach Selbstverantwortung und Selbststeuerung, die mit diesem Führungsstil verbunden sind, und ihrem tatsächlichen Verhalten auseinanderzusetzen (5)« (ebd., S. 5).

Basis: Neue Wege des Denkens und der Wahrnehmung

In diesem Sinne gehen die Veränderungsforscher des MIT davon aus, dass das Neue nur dann in Erscheinung treten kann, wenn Führungskräfte ihr Denken und ihr Bewusstsein grundlegend verändern.

> »Jede wahre Veränderung ist begründet in neuen Wegen des Denkens und der Wahrnehmung. Wie Einstein einst sagte: „Probleme kann man niemals mit derselben Denkweise lösen, durch die sie entstanden sind.« [...]
>
> »Auch eine nachhaltige Welt wird nur möglich sein, wenn wir eine neue Denkweise entwickeln. Die Neuerer von heute, die sich von der Natur, nicht der Technik inspirieren lassen, zeigen, wie man eine andere Zukunft schaffen kann, indem man lernt, die größeren Systeme, von denen wir ein Teil sind, zu erkennen, und indem man die Zusammenarbeit über alle erdenklichen Grenzen hinweg fördert. Diese Kernfähigkeiten – das Erkennen von Systemen, eine grenzübergreifende Zusammenarbeit und ein kreatives Gestalten im Gegensatz zum reaktiven Problemlösen – bilden die Grundlage und liefern letztlich auch die Werkzeuge und Methoden für diesen Wandel im Denken« (Senge et al. 2011, S. 26).

Führung wirkt durch das Erleben im Gegenüber. Deshalb ist es für Führungskräfte wichtig, sich zu fragen, wie ihr Auftreten bei den Mitarbeitern »ankommt«. Zwar können Führungskräfte ihre eigene Wirkung im Gegenüber nicht gewährleisten, sie können aber Entwicklungsvoraussetzungen schaffen. Kluge Führung ist deshalb auch eine Führung durch Weiterbildung der Mitarbeiter. Ihr entspricht – aufseiten derjenigen, an die sie sich richtet – eine Entwicklungsbereitschaft. Dieser Trend erfasst alle Ebenen der Unternehmen. So erwarten Unternehmen bei der Besetzung von höheren Fach- und Führungspositionen von den Kandidaten auch, dass diese »Weiterbildungsbereitschaft« zeigen (Institut der deutschen Wirtschaft 2011, S. 5).

Regel 17: Öffnen Sie sich für das Unerwartete und werden Sie sein Freund!

Menschen leben von der Erwartungssicherheit. Diese ist das Ergebnis und der Ausdruck unserer kognitiven und emotionalen Entwicklung. Folgt man den Arbeiten des Schweizer Entwicklungspsychologen Jean Piaget (1896–1980), so »dienen« die einmal erworbenen Wahrnehmungsschablonen, Begriffe und Handlungsschemata dazu, sich in neuen Situationen zu orientieren. Die neue Situation können wir somit stets nur mithilfe unserer – alten – Erfahrungen deuten. Dies ist ein Vorgehen, bei welchem wir unbeabsichtigt jedoch zugleich unterstellen, dass das Neue weitgehend wie das Alte sein wird. Dieses Verfahren erklärt bis zu einem gewissen Grade, warum das Unerwartete eigentlich nur dann in Erscheinung zu treten vermag, wenn wir uns bewusst von den Begriffen, Modellen und Konzepten, die unser Denken, Fühlen und Handeln bestimmen, zu lösen vermögen. Jean Piaget verwies in diesem Zusammenhang auf die »Äquilibration« des Bewusstseins, d. h. auf das Bemühen jedes Menschen, mit seinen Erfahrungen, Deutungsmustern und Handlungsstrategien im Gleichgewicht zu bleiben:

> »Wie unterschiedlich die Ziele von Handeln und Denken auch sein mögen, das Subjekt versucht Unstimmigkeiten zu vermeiden und tendiert stets zu bestimmten Formen des Gleichgewichts, ohne sie je endgültig zu erreichen« (Piaget 1975, S. 170; nach von Glasersfeld 2011, S. 99).

Diese Tendenz des Menschen nach Beständigkeit und Balance zwischen Bewahren und Wandel hilft uns auch zu verstehen, weshalb unerwartete Entwicklungen bisweilen übersehen oder gar ignoriert werden oder man dazu neigt, an Bisherigem festzuhalten, obgleich sich die Zeichen der Zeit bereits gewandelt haben. Unternehmen, die sich dadurch auszeichnen, dass sie besonders erfolgreich mit Überraschungen und sich wandelnden Gegebenheiten umzugehen vermögen, haben besondere Vorkehrungen geschaffen, die ihnen helfen, achtsam und flexibel zu (re)agieren. Karl E. Weick und Kathleen M. Scutcliffe von der University of Michigan führen den Erfolg dieser Unternehmen darauf zurück,

> »(…) dass sie es außerordentlich gut schaffen, verschiedene Formen der Achtsamkeit zu entwickeln und damit das Geschehen im Auge zu behalten. Sie bringen ihre Vorstellungen von den Ereignissen immer wieder auf den neuesten Stand und verfangen sich nicht in alten Denkkategorien oder unausgegorenen Deutungen der äußeren Bedingungen, mit denen sie konfrontiert werden« (Weick u. Scutcliffe 2010, S. VIII).

Auf der Basis ihrer Analysen zu der Frage, »wie Unternehmen aus Extremsituationen lernen«, entwickeln sie einen recht komplexen Selbsttest, um die »Achtsamkeit« in der eigenen Firma zu überprüfen. Leitfrage dieses Assessments ist: »Verfügen Sie über die Fähigkeit, flexible Spitzenleistungen zu erbringen?« (ebd., S. 87 ff.). Zur Beurteilung dieser Frage werden folgende Bereiche systematisch und selbstkritisch »unter die Lupe genommen«:

- »Einschätzung der Achtsamkeit in Ihrem Unternehmen«
- »Wie anfällig ist Ihre Firma für eine achtlose Haltung?«
- »Bereiche, die besonderer Achtsamkeit bedürfen«
- »Die Konzentration Ihres Unternehmens auf Fehler«
- »Die Abneigung gegen Vereinfachungen in Ihrer Firma«
- »Die Sensibilität Ihrer Firma für betriebliche Abläufe«
- »Das Streben nach Flexibilität«
- »Respekt vor fachlichem Wissen und Können in Ihrer Firma« (ebd., S. 91 ff.).

Einige ausgewählte Items dieses Selbsttests sollen im Folgenden helfen, sich als Führungskraft selbst ein Bild davon zu verschaffen, wie aufgeschlossen das Unternehmen gegenüber dem Wandel ist und über Fähigkeiten verfügt, Veränderungen frühzeitig zu erkennen und sie produktiv zu gestalten.

Aspekte der Fähigkeit, mit Unerwartetem umzugehen		--	-	+	++
Achtsamkeit	Die Führungskräfte widmen dem Management des Unerwarteten genauso viel Aufmerksamkeit wie dem Erreichen der offiziellen Unternehmensziele.				
	Wir investieren Zeit und Mühe, um herauszufinden, ob sich unsere Tätigkeiten in irgendeiner Weise schädlich auf unser Umfeld, auf Kunden, Aktionäre oder andere Beteiligte auswirken könnten.				
Achtlosigkeit	Die Situationen, Probleme oder Fragen, denen wir begegnen, sind Tag für Tag die gleichen.				
	Man hat wenig Entscheidungs- und Handlungsspielraum, um sofort etwas zu unternehmen, wenn unerwartete Probleme auftreten.				
Achtsamkeitsbedürfnisse	Rückmeldungen und Informationen über das, was passiert, erfolgen unmittelbar und lassen sich mühelos überprüfen.				
	Es gibt viele Gelegenheiten zu improvisieren, wenn etwas schiefläuft.				
Fehlerbeachtung	Wer einen Fehler begeht, bekommt ihn nicht vorgehalten				
	Die Führungskräfte fragen von sich aus nach schlechten Nachrichten.				
Interpretationen	Wir streben danach, den Status quo infrage zu stellen.				
	Die Mitarbeiter werden dazu angeregt, unterschiedliche Ansichten über die Welt zu äußern.				
Sensibilität	Vorgesetzte springen bereitwillig ein, sooft es erforderlich ist.				
	Die Mitarbeiter sind immer auf der Suche nach Rückmeldungen über fehlerhafte Abläufe.				

Flexibilität	Unsere Organisation kümmert sich ausdrücklich darum, die Fertigkeiten und Kenntnisse ihrer Mitarbeiter zu fördern.				
	Die Kollegen hier sind bekannt für die Fähigkeit, dass sie ihr Wissen auf neuartige Weise einsetzen.				

Tafel 19: Selbstcheck – Self-Assessment über die Fähigkeit, mit Unerwartetem umzugehen (nach Weick u. Sutcliff 2010, S. 91 ff.)

Diese ausgewählten Items ermöglichen kein vollständiges Bild zur Veränderungskompetenz von einzelnen oder gar ganzen Teams. Sie erlauben es Führungskräften jedoch, ihre Fokussierung auf die – vermeintlich – erfolgsrelevanten Faktoren neu zu justieren. Sie lernen, sich selbst und ihre Teams besser für den Umgang mit Unerwartetem zu »wappnen«. Dabei erweitern sie den Blick von den Anforderungen des Hier-und-Jetzt durch einen strategischen Blick »von der Zukunft her« (Scharmer 2009). Diese Zukunftsorientierung ist mehr als bloß ein neues Schlagwort; sie erschüttert die bisherigen Führungs- und Lernkonzepte in ihrem Kern:

Der Leiter einer internationalen Abteilung erklärte in einem Gespräch: »Wir haben uns mehr und mehr von der Vorstellung gelöst, wir müssten unsere Leute durch Weiterbildung auf das, was auf sie zukommt, vorbereiten. Doch ehrlich gesagt kennen wir dieses nicht wirklich, sondern bloß unsere eigenen Vorstellungen, die wir darüber haben. Deshalb haben wir umgesteuert: Wir üben mit unseren Leuten den Umgang mit dem Unerwarteten und stärken so ihre Fähigkeiten, sich auf die Zukunft einzustellen, wenn sie da ist.«

Regel 18: Meiden Sie ausgetüftelte Powerpoint-Präsentationen!

Powerpoint ist in klugen Führungskontexten out. Glaubt man einem Bericht der Frankfurter Allgemeinen, so hat in zahlreichen Firmenetagen bereits ein Umdenken stattgefunden. Der Grund? Powerpoint lebt zu stark vom Kinoeffekt, und die Nachhaltigkeit entsprechend aufwendig gestalteter Folien ist erschreckend gering. Dazu heißt es in dem Bericht:

> »Jeden Tag wiederholt sich dieses Schauspiel in Bürogebäuden, Hotels und Kongresshallen auf der ganzen Welt. Eine Aneinanderreihung von Schlagwörtern und Diagrammen, auf sorgsam mit Firmenlogos designten Powerpoint-Folien, stundenlang geht das so, und mit jeder Folie schalten mehr Zuhörer innerlich ab. Da hilft es auch nichts, dass die Teilnehmer derartiger Runden das Ganze am Ende gelegentlich noch in gedruckter Form ausgehändigt bekommen. Der entsprechende Ordner verstaubt fortan ungeöffnet im Regal. Böse Zungen behaupten gar, je weniger jemand zu sagen habe, desto umfangreicher würden seine Powerpoint-Präsentationen ausfallen.
>
> Doch langsam setzt ein Umdenken ein. Das gilt selbst in der traditionell besonders Powerpoint-begeisterten Beraterbranche. ›Berater tun sich sicherlich keinen Gefallen damit, sich bei öffentlichen Auftritten hinter Folien zu verschanzen. Davon müssen wir wegkommen‹, sagte unlängst Frank Mattern, Deutschland-Chef des Branchenprimus McKinsey« (Löhr 2010, S. 20).

Der Powerpoint-Präsentationismus transportiert heimliche Botschaften, mit denen eine – präsidiale – Führungslehre aus vergangenen Zeiten ihre Rückkehr feiert. Diese passen nicht zu den systemischen Anliegen einer klugen Führung.

Diese Kritik an den Powerpoint-Inszenierungen ist nicht zuletzt deshalb in hohem Maße gerechtfertigt, da die Präsentation letztlich bloß zur Verkündigung, kaum aber zur Erkundung oder zur Integration vielfältiger Anregungen taugt. Übermäßiges oder perfektes Präsentieren aber verstößt in sechsfacher Hinsicht gegen den Geist einer klugen Führung:

Risiken und Nebenwirkungen des Präsentierens	**Heimliche Botschaften an die Zuhörer**
Langeweilig	»Es geht jetzt in den nächsten Minuten um die Sache, nicht in erster Linie um Deine Gedanken!«
Änderungsresistenz	»Es ist alles so gut durchdacht und ordentlich aufbereitet und gegen Hinterfragungen, Anmerkungen, Kritik abgeschottet!«
Herrschaftlich	»Meine tolle Präsentation zeigt, dass ich darüber wirklich besser (als Du und andere) Bescheid weiß!«
Mutbremse	»Das geht so schnell und klingt alles so überzeugend, da traue ich mich überhaupt nicht, diese Inszenierung zu stören!«
Unerwünschtheit	»Bitte unterbrich mich nicht, höre zu! Jede Wortmeldung empfinde ich als Störung!«
Nichtbeteiligung	»Die Darstellung ist durchdacht und ich informiere Euch lediglich. Also glaubt nicht, Euch hier noch einmischen zu können!«
Gründlichkeit	»Du kannst doch hier gar nicht mithalten, schließlich habe ich mich gründlich und tief vorbereitet, wie man sehen kann!«

Tafel 20: Die LÄHMUNG durch Powerpoint

Nach einem halbstündigen Vortrag, bei welchem der Referent über 30 Powerpoint-Folien zeigte, meldete sich eine Kollegin zu Wort und sagte: »Was mich interessieren würde, ist, ob Sie irgendwelche Fragen an uns haben?« Als sie die entgeisterte Reaktion des Referenten bemerkte, erläuterte sie: »Also, mir ging es bereits seit Ihrer fünften Abbildung so, dass ich den Eindruck hatte, Sie wissen bereits alles und wollen uns lediglich belehren oder zumindest informieren. Aber dann hätten Sie uns ja Ihre Ansichten auch zumailen können. Deshalb meine Frage nach Ihren Fragen an uns?« Der Referent war sprachlos, und es gelang ihm nicht, überzeugend auf diese offene Infragestellung des

Wertes seiner Inszenierung zu reagieren. Unbeholfen entgegnete er: »Ja, irgendwie haben Sie schon recht: Ich bin davon ausgegangen, dass ich hier aufgefordert wurde, Ihnen meine Einsichten, Überlegungen und Ergebnisse zu präsentieren. Wenn Sie zu diesen Fragen haben, dann werde ich versuchen, diese zu beantworten und das eine oder andere vielleicht noch genauer zu erklären, aber ich weiß jetzt gar nicht, ob es das ist, was Sie hören wollen.« Die Kollegin reagierte sarkastisch: »Also ich bin hier nicht hergekommen, um wie eine Schülerin belehrt zu werden. Ich dachte: Da kommt jemand, der ein Interesse daran verspürt, mit uns Menschen aus der Praxis seine Überlegungen zu diskutieren, um dabei auch selbst etwas zu lernen. Sie aber verhalten sich so, als wüssten Sie bereits alles und würden uns an diesem Wissen gnädig teilhaben lassen wollen. Dafür aber ist mir meine Zeit echt zu schade. Schülerin bin ich schon seit 25 Jahren nicht mehr!«

Selten werden solche Empfindungen wirklich offen ausgesprochen. In der Regel fügen sich die Zuhörer in ihr Schicksal, was ihnen auch nicht zu schwer fällt, denn mächtig wirken in ihnen die Bilder einer präsidialen Lernkultur, zu der das Präsentieren gehört, fort. Sie sind es gewohnt, immer wieder in Situationen zu geraten, in denen ihnen andere »etwas vormachen«. Protest gegen solche Formen des Vorgemacht-Bekommens ist eher selten: Man zieht sich zurück und fühlt sich unbeteiligt.

Kluge Führung setzt hingegen auf Einbeziehung und Beteiligung. Sie präsentiert deshalb auch nicht, sondern verzahnt die eigenen Vorgaben, Überlegungen und Entscheidungen mit den Perspektiven der anderen. Sie meidet deshalb monologische Formen der Darstellung und setzt auf Dialog.

Dialog bedeutet jedoch – folgt man den Gedanken Martin Bubers (1878–1965) – nichts anders als »Hinwendung zum Partner« (Buber 2002, S. 293). Indem dieser zu Wort kommt, verändert sich die Substanz der Gedanken. Diese sind nicht mehr fertige Gebäude, die vorgefertigt, mitgeteilt und visualisiert werden, sondern Einladungen zur Auseinandersetzung. Sie kommen fragend daher und öffnen Strukturen, statt diese »vorzusetzen« (so die deutsche Übersetzung der lateinischen Wurzel von »Präsentation«, die auch so viel bedeuten kann, wie: »vorherempfinden«, »ahnen« – je nachdem, welche etymologische Erklärung man bevorzugt.)

Wer vorklärt, vorsetzt oder gar vorfühlt, was er dann darstellt, folgt nicht nur einer linearen Wirkungsannahme, der zufolge das von ihm Gemeinte auch vom Gegenüber so und nicht anders verstanden werden kann, er beraubt sich auch der Chance, seine Sichtweisen und Absichten mit den Möglichkeiten des Gegenübers zu verzahnen. Aus diesem Grunde bevorzugt eine kluge Führung den Dialog. Dieser präsentiert allenfalls Fragen, die Kommentare, Einschätzungen und Anmerkungen des Gegenübers auslösen können.

Verändern Sie künftig Ihr Präsentieren noch stärker in diese Richtung – zu einem Konsentieren!

	Fragen
Demonstrieren	Was halten Sie von diesen Fragestellungen zum Thema? Welche fehlen?
Informieren	Sind diese Informationen so korrekt? Was bedeuten sie?
Amalgamieren	Welche zusätzlichen Aspekte, Informationen und Fragen sind relevant?
Loslassen	Was müsste an meiner Herangehensweise geändert werden?
Offerieren	Wie (in welcher Schrittfolge) würden Sie sich dieses Themas annehmen?
Gefallen finden	Wie können wir alles integrieren und gewichten?

Tafel 21: Die 6 Schritte zum Dialog

Regel 19: Lernen Sie, sich selbst umso mehr zu misstrauen, je sicherer und entschiedener Sie urteilen!

Auch Führungskräfte können die Wirklichkeit ihrer Mitarbeiter nur durch die Brille ihrer eigenen Erfahrungen wahrnehmen. Sie verhalten sich deshalb in Entscheidungs- oder Konfliktsituationen so, »wie Ihnen ihre Gefühle gewachsen sind« (Arnold 2009b), und es gelingt ihnen nur schwer, neu und angemessen auf die Situationen, in die sie involviert sind, zu blicken.

Die Schwierigkeit, die eigene Gewissheit immer wieder neu infrage zu stellen, ist die eigentliche Herausforderung, an der Führungskräfte häufig scheitern. In diesem Sinne wusste schon der amerikanische Ökonom Peter Ferdinand Drucker (1909–2005): »Nur wenige Führungskräfte sehen ein, dass sie letztlich nur eine Person führen müssen, nämlich sich selbst« (zit. nach Joka 2002, S. 19).

Was können Führungskräfte tun, um diesen Kreislauf des Erwartungsgemäßen zu durchbrechen? Dieser Kreislauf führt sie nämlich häufig dazu, dass sie sich bei unterschiedlichen Mitarbeiterinnen und Mitarbeitern in ganz ähnlichen Lagen wiederfinden. Und je älter und »erfahrener« sie werden, umso deutlicher erkennen sie, dass sie sich selbst in ihrer eigenen Art, die Dinge zu sehen und entsprechend zu fühlen und zu handeln, treuer bleiben, als ihnen lieb ist. Es ist dieser Aspekt des Gefangenseins im eigenen Gewissheitsgefängnis, um den es dem bekannten Führungskräfteforscher Manfred Kets de Vries geht, wenn er von dem »inneren Theater« spricht und feststellt:

> »Die Nahtstelle zwischen den Bedürfnissen, die uns antreiben, einerseits und unserer Umwelt andererseits (vor allem menschliche Faktoren in

Form von Helfern, Geschwistern, Lehrern und anderen wichtigen Bezugspersonen) macht unsere Einzigartigkeit aus. Die mentalen Schemata, die sich daraus ergeben, tragen wir unser ganzes Leben in uns, und sie bestimmen alle nachfolgenden Beziehungen zu anderen. Beziehungen helfen uns, allen Aspekten der Realität einen Sinn zu verleihen. Sie dienen uns als Maßstab zur Beurteilung dessen, was wir sehen, und zur Entscheidung darüber, was wir wollen; außerdem steuern Beziehungen unsere Motivation und unser Handeln. Diese Konzepte werden zum operativen Code, der darüber bestimmt, wie wir in unserem täglichen Leben handeln und reagieren – sei es zu Hause, während der Freizeit oder bei der Arbeit« (de Vries 2006, S. 12).

Es handelt mich? Es führt mich?

In gewisser Weise sind Menschen nicht »Herr im eigenen Haus«, da das, was sie denken, fühlen und tun, nicht losgelöst von ihren »inneren Repräsentationen« ist, weshalb der Hirnforscher Gerald Hüther uns auffordert zu versuchen, uns »nicht von unseren bisherigen Vorstellungen, sondern von unserer Vorstellungskraft leiten zu lassen« (vgl. Hüther 2011a, S. 14). Es ist stets auch Eigenes, was sich in einem einstellt, wenn wir uns einer bestimmten Situation ausgesetzt sehen. In diesem melden sich mentale Programmierungen, Bilder und Gefühle zu Wort, die uns das »sichere« Gefühl geben, »wie es ist«. Die eigene »Gewissheit« entspringt somit keiner nüchternen – gar wissenschaftlichen – Prüfung der Gegebenheiten, sondern ist das Ergebnis der Artikulation und Ausbalancierung dessen, was wir bereits in uns tragen. Und es scheint dabei auch eine paradoxe Gesetzmäßigkeit zu geben, deren Wirkung man minimieren kann, wenn man als Führungskraft die Regel berücksichtigt:

Unser Denken, Fühlen und Handeln führt sich um so »gewisser« auf, je stärker dabei Altes ins Spiel kommt. Deshalb gilt: Erkenne Wiederholungen und meide emotionalisierte Gewissheiten!

Wir sind dann im wahrsten Sinne des Wortes »wie besessen« von dem, was wir sicher zu wissen oder zu spüren glauben, sind aber mit dieser Gewissheit mehr mit uns selbst als mit den konkreten Motiven, Absichten und Gründen des Gegenübers in Kontakt. Es ist dieser Mechanismus des »Je-gewisser-desto-eigener«, welcher den amerikanischen Therapeuten Steve de Shazer (1940–2005) zu der bekannten Formulierung führte: »Wenn Du eine Interpretation hast, nimm ein Aspirin, setze Dich still in eine Ecke und warte, bis diese Interpretation vorbei ist« (zit. nach Varga von Kibéd 2008, S. 14). Dies ist eine Aufforderung zum misstrauischen Umgang mit eigenen Gewissheiten, wodurch sich auch und gerade für Führungskräfte ein Weg zum System zu öffnen vermag – zum System, d. h. zu den anderen Akteuren mit ihren vielleicht gegensätzlichen, aber von ihnen auch als »sicher« gefühlten Einschätzungen, Empfindungen und Standpunkten.

»Nehmen Sie ein Aspirin«:	
1. Schritt: **A**chtsam bleiben	Bevor Ihre eigenen Eindrücke sich verfestigen und übermächtig Ihre Wahrnehmungen und Reaktionen bestimmen, rufen Sie sich die Tatsache ins Bewusstsein, dass Sie diese Eindrücke bereits als Potenzial (Erfahrungen, Deutungsmuster, Interpretationsroutinen) in sich trugen, bevor Sie dem Gegenüber begegneten oder in die jeweilige Situation gerieten!
2. Schritt: **S**elbstbeobachtung	Verlangsamen Sie Ihre Wahrnehmung und Ihre Gedanken und beobachten Sie sich dabei, wie Sie beobachten! Fragen Sie sich, was die Eigenarten ihrer Beobachtungen und Interpretationen Ihnen über sich selbst in Erinnerung rufen! Fragen Sie sich insbesondere in Konflikten immer wieder, wo Sie sich auch dieses Mal »treu« bleiben!
3. Schritt: **P**roblemfokus meiden	Wann immer Sie vorschnell und bereitwillig in Problemerörterungen eintreten oder sich in diese einbinden lassen, beobachten Sie, wie Sie selbst in die *Problemtrance* geraten! Erkennen Sie, dass Probleme stets auch Lösungen – wenn auch unvollkommene – sind und kleiden Sie Ihre Beiträge ganz bewusst in Formulierungen, die nach Erklärungen und nicht nach Problemzuschreibungen suchen!

4. Schritt: **I**nnovieren	Gehen Sie in den Unterschied und verblüffen Sie mit anderen, ungewöhnlichen Erklärungen und Ideen bzw. lassen Sie sich verblüffen! Reagieren Sie geduldig und wertschätzend auf *neue Lesarten zu vertrauten Themen* und reagieren Sie verstört und verstörend auf *alte Lesarten zu neuen Themen!*
5. Schritt: **R**ückrudern	Üben Sie sich im Zurücknehmen »endgültiger« Beurteilungen und Äußerungen! Gehen Sie insbesondere dann, wenn Sie jemanden vor den Kopf gestoßen, gekränkt oder gar »verstoßen« haben, immer wieder auf ihn zu – lieber einmal zu viel als zu wenig. Bedenken Sie: Als Vorgesetzter ist Ihre Position immer die stärkere, weshalb Sie es sich leisten können, mit Offenheit, Selbstkritik und Flexibilität zu überraschen!
6. Schritt: **I**nterviewen	Führungskräfte können letztlich nicht wissen, was andere denken, fühlen, vermuten oder befürchten. Aus diesem Grunde ist das Fragen- und Zuhörenkönnen eine wesentliche Dimension kluger Führung. Besuchen Sie deshalb gezielt und regelmäßig ihre Mitarbeiter an ihren Arbeitsplätzen und fragen Sie, was diese bewegt!
7. Schritt: **N**eubeginnen	Führen bedeutet: Neue Wege erschließen, nicht alte Wege bewachen! Aus diesem Grunde kommt der visionären Kraft und der Besonnenheit von Führungskräften eine große Bedeutung zu. Sie müssen neue Wirklichkeiten (= Gestaltungschancen) für die Organisation »entdecken«, ohne sogleich auf diese loszustürmen. Sie können sich aber auch nicht an dem Alten festhalten und sich darauf beschränken, darauf zu achten, dass niemand die vertrauten Wege verlässt. Es gilt vielmehr: Frage stets nach Möglichkeiten und imaginiere die Zukunft des Systems!

Tafel 22: Schritte zur Öffnung eigener Interpretationen und Gewissheiten (ASPIRIN)

Regel 20: Vergewissern Sie sich Ihrer inneren Bilder von Führung und Loyalität!

Wir sind in unserem Denken, Fühlen und Handeln durch die Bilder und Vorstellungen bestimmt, die wir uns früh aneignen konnten. In diesem Sinne verweist der Bremer Hirnforscher Gerhard Roth auf die lebenslang prägende Kraft der frühkindlichen Bindungserfahrungen und schreibt:

> »Viel ist darüber gestritten worden, welche Bedeutung die ersten Lebensjahre für die Entwicklung der Persönlichkeit tatsächlich haben. Während einige Psychologen und Pädagogen den frühkindlichen Erfahrungen keine besondere Bedeutung zuschreiben und von einer gleichmäßig lebenslangen Verformbarkeit des Menschen ausgehen, ist inzwischen die Mehrheit der Überzeugung, dass die ersten drei bis fünf Jahre und in geringem Maße die Pubertät prägend für das spätere Leben einer Person sind, insbesondere was ihr Temperament angeht« (Roth 2011, S. 68).

Diese frühen Prägungen des Temperaments werden insbesondere in solchen Situationen unmittelbar aktiviert, in denen wir emotional herausgefordert werden. Es handelt sich dabei um Situationen des Umgangs mit Anerkennung (»Wie sieht man mich?«), mit Abhängigkeit (»Wer kann mir sagen, was ich tun soll?«), mit Zuwendung (»Wer hält zu mir?«) und mit Unwirksamkeit (»Was kann ich tatsächlich bewirken?«). Führungskräfte müssen lernen,

> »sich selbst dabei zu beobachten, wie wir mit diesen Situationen innerlich umgehen. Welche Gefühle stellen sich ein, wenn erwartete Zuwendung sich nicht einstellt oder wir uns in unseren Bemühungen als unwirksam erleben« (Arnold 2011, S. 18).

Kluge Führung muss sich der eigenen spezifischen Formen, sich in der Welt zu fühlen, bewusst sein. Und sie muss ein Verständnis dazu entwickelt haben, wie sich dieses Eigene immer wieder bei einem selbst, aber auch im Gegenüber unvermeidbar in die Wahrnehmung, Beurteilung und Gestaltung von Situationen »einmischt« und uns dazu verführt, einander »Unrecht« zu tun. Kluge Führung hat diese fragilen Substanzen, aus denen sich unsere Gewissheit formt, verstanden und verfügt über Mechanismen, zurückhaltend eigene Eindrücke zu artikulieren.

Während des Coachings einer Führungskraft, die sich immer wieder mit ihrem Vorgesetzten in Scharmützel verstrickte und sich selbst dadurch bereits mehr und mehr ins Abseits manövriert hatte, gelang es dem Coach schließlich, eine reflexive Wende in der Selbstwahrnehmung anzustoßen. Dadurch änderte sich die Art der Betrachtung, aber auch das Thema, das in den Fokus rückte:

»Wenn ich so zurückblicke, dann wird mir deutlich, dass ich da etwas verwechselt habe. Ich habe eigentlich immer schon mit einer unglaublichen Verbissenheit gegen meine Vorgesetzten gekämpft. An meinem letzten Chef habe ich kaum ein gutes Haar gelassen und ihn auch gegenüber Kollegen in Gesprächen diskreditiert. Eigentlich war es so, dass immer, wenn er mir etwas auftrug oder ein Projekt startete, ich sofort spürte, dass ich dagegen war – ohne mich im Einzelnen auch nur ein Stück weit gegenüber seinen Vorhaben zu öffnen. Heute tut mir das rückblickend leid, und ich beginne erst allmählich zu begreifen, welcher Teufel mich da geritten hat. Es war ein Gefühl, durch das ich auf jeden blicken musste, der mir aufgrund seiner Position etwas zu sagen hatte. Ich fühlte mich dann irgendwie nicht wahrgenommen und stolperte immer wieder in verbissene Kämpfe, um anerkannt und gesehen zu werden. Und ich habe mich dabei auch lächerlich gemacht, weil ich etwas zu sein vorgab, was ich gar nicht bin. Wie oft habe ich mich im Ausland selbst als Chef feiern lassen! Jetzt, wo ich das allmählich zu begreifen beginne, tut mir das richtig leid. Denn meine Chefs waren eigentlich rückblickend alle sehr fähige und auch geduldige sowie menschliche Typen und bereit – so schwierig ich mich oft auch aufführte –, mich so zu nehmen, wie ich war. Ich musste fast 58 Jahre alt werden, um zu begreifen, mit welchem ganz eigenen Programm ich mich diesen Menschen zugemutet habe.

Solche reflexiven Bewegungen charakterisieren den Weg zu einer klugen Führung. Dabei folgen Führungskräfte dem Weg einer »angewandten Erkenntnistheorie« (Arnold 2011b), der sie von dem Kampf um die Sache wegführt hin zu selbstdistanzierten Formen der Beobachtung der eigenen Formen, in denen man so und nicht anders um die Sache streitet. Dadurch kann die Führungskraft »die tief liegenden Gründe« ihres eigenen Verhaltens verstehen lernen, d. h. identifizieren, was ihre Person »in ihrem unbewussten Selbst antreibt«, wie es der Hirnforscher Gerhard Roth ausdrückt (Roth 2007, S. 274).

Ein solches selbstreflexives Lernen ist schwierig, da sich das Subjekt oft mit subtilen Mechanismen der Selbsttäuschung an dem festhält, was ihm »gewiss« zu sein scheint. Der Systemiker Fritz B. Simon spricht in diesem Zusammenhang von der

		--	-	+	++
Umgang mit Anerkennung	Ich habe bereits früh (von meinen Eltern) echte Anerkennung erlebt und gespürt, wer ich bin und was ich kann.				
	Ich habe ein deutliches Gefühl für Zugehörigkeit und Aufgehobensein entwickeln können.				
	Niemals ist mir in meinem bisherigen Leben »vorgeworfen« worden, dass es mir mehr um mich selbst als um die Sache geht.				
Umgang mit Abhängigkeit	Ich habe die abhängigen Phasen in meinem Leben (als Kind, Schüler, Student, Mitarbeiter) immer als angemessen und nicht als bedrohend oder einengend erleben können.				
	Niemals habe ich gegen Abhängigkeiten vehement rebelliert oder versucht, mich durch radikale Aktionen von ihnen zu befreien.				
	Auch umgekehrt gilt: Die Menschen, die ich führe, erleben sich nicht als abhängig, sondern als teilhabend.				

Umgang mit Zuwendung	Ich habe gelernt, Zuwendung einfach zu empfangen, ohne sie verdienen zu müssen.				
	Ich kann mich zuwenden, und es gibt zahlreiche Menschen, die meine Fähigkeit, mit ihnen in Beziehung zu stehen, schätzen.				
	Ich bin mit allen Mitarbeiterinnen und Mitarbeitern gleichermaßen in Kontakt und kapsle mich nicht in Ingroups (»Führungszirkeln«) ab.				
Umgang mit Unwirksamkeit	Ich bin mit dem, was ich in meinem Leben erreichen konnte, zufrieden und habe gelernt, dass das, was man erreicht, das ist, was einem im Leben »zusteht«.				
	Ich erlebe mich in meinen beruflichen und privaten Kontexten niemals als Opfer von Unverständnis oder widrigen Umständen.				
	Ich habe das sichere Gefühl, das die anderen in mir auch das sehen, was ich selbst in mir sehe.				

Tafel 23: Selbstcheck – Den eigenen Deutungs- und Gefühlsprogrammen auf der Spur

»Kunst, nicht zu lernen« (Simon 2010) – eine im Hintergrund wirkende Kraft, die Welt der Anderen und nicht die eigene Beobachtungsweise für das verantwortlich zu machen, worunter man leidet und wogegen man vorgehen zu müssen glaubt. Doch man kann sich und seinen eigenen Deutungs- und Gefühlsprogrammen (Arnold 2011, S. 20 ff.) selbst auf die Spur kommen, indem man schonungslos den Spuren, die das eigene Denken, Fühlen und Handeln in unserem (Er-)Leben gezeichnet hat, nachspürt. Bei einer solchen Spurensuche können die Suchfragen in Tafel 23 leitend sein, wobei dort, wo die eigenen Bewertungen im Graubereich liegen, weitere Klärungen und Lernprozesse auf dem Weg zu einer klugen Führung hilfreich wären.

Regel 21: Prüfen Sie Ihre Haltung und die Motive, aus denen heraus Sie führen!

Führungskräfte sind Menschen, die ihre Position in Konkurrenz mit anderen angestrebt haben. Dies bedeutet, dass es auch mächtige eigene Motive sind, die sie zu dem haben werden lassen, was sie heute sind. Wer Führung und Führungskräfte verstehen will, muss deshalb ihre Machtmotive verstehen. Diese sind innere Bewegungen (vom lateinischen »movere«, was so viel bedeutet wie »bewegen«), die sie dazu führen, im Außen etwas bewegen zu wollen: Führungskräfte treiben Projekte voran, treffen Entscheidungen und übernehmen Verantwortung – meist selbst getrieben von einem Veränderungs- und Wirkungsanspruch, dessen (eigentliche) Quellen ihnen oft selbst verborgen sind.

Kluge Führung fragt nach den Ursprüngen und Mustern der eigenen Haltung und der eigenen Motive. Sie konfrontiert sich selbst mit den Fragen »Was ist es, was mich (an)treibt?« und »Bin ich mit meiner Haltung und meinen Motiven tatsächlich in Kontakt mit dem Gegenüber, d. h. den zu klärenden Fragen, Bedürfnissen und Entscheidungsanforderungen des Kontextes, für den ich Verantwortung übernommen habe?«.

In einem Führungskräfteseminar entspann sich folgender Dialog zwischen den Teilnehmenden: »Im Kern ist Führung nach meinem Eindruck ein Dienst an den Menschen, für welche man Verantwortung trägt. Ich fühle mich dafür verantwortlich, dass durch meine Entscheidungen deren Arbeitsplatz gesichert wird, weil es mir gelingt, zukünftige Möglichkeiten (z. B. Märkte, Produktideen) zu erschließen.« Ein Teilnehmer konterte: »Also, für mich ist meine Führungstätigkeit ein Job: Ich wende sachliche Maßstäbe bei meinen Entscheidungen an. Mich dafür verantwortlich zu machen, wie sich die Märkte entwickeln, fände ich übertrieben und auch ungerecht.« Eine kritische Stimme meldete sich zu Wort und griff beide frontal an: »Also, ich glaube, ihr macht Euch da etwas vor, mir scheint es vielmehr so zu sein, dass ihr beide nach dem Motto arbeitet ›Was gut ist für mich, ist auch gut für die Firma!‹ Oder sorgt Ihr Euch etwa darum, wie es Euren Mitarbeitern geht, wie sie sich fühlen und wie sie ihre Zukunft einschätzen, oder wie ihre Wünsche und Bedürfnisse sind?«

Diese durch die zugespitzte Kritik losgetretene Debatte führte mitten hinein in die Frage, mit welcher Haltung und nach welchen Motiven Führungskräfte ihr Tun darstellen, begründen und legitimieren. Dabei wurden vier Lesarten unterschieden (siehe Tafel 24).

Die Praxis einer guten Führung ist dadurch gekennzeichnet, dass die Haltung der Führungskräfte spürbar von den Einsichten in die eigenen Motive geprägt ist. Diese wissen um die inneren Stimmen, die sich in Entscheidungs- und Konfliktsituationen zu Wort melden, und sie verfügen über Strategien, um die Risiken und Nebenwirkungen zu vermeiden oder »wieder gut zu machen«, die dann eintreten, wenn sie mal wieder »aus dem Bauch heraus« geurteilt, gehandelt oder entschieden haben.

Kluge Führungskräfte kennen die »inneren Stimmen« ihrer Führung und verfügen über Strategien und Techniken, um deren Wirkungen zu minimieren oder zu kompensieren.

Diese Vermeidung oder Wiedergutmachung ist wichtig, da die »inneren Stimmen« der Führung zumeist früh in der Kindheit eingespurt worden sind und bis heute tief in der Wahrnehmung der Führungskraft verankert sind. Der Führungspsychologe Manfred Kets de Vries fordert deshalb:

»Größere Selbsterkenntnis ist der erste Schritt zu mehr Effektivität in einer Führungsrolle« (Kets de Vries 2006, S. 192).

Führung als ...	Inneres Motto/»innere Stimme«	Mögliche unbewusste Antreiber	Ausgrenzende Risiken und Nebenwirkungen
... ethisch orientiertes Tun	»Ich muss Gutes tun und Sinn stiften!«	»Mein Tun und ich selbst sind nur etwas wert, wenn ich sichtbar Gutes bewirke!«	Gefahr einer Idealisierung der Führung, wobei die Notwendigkeit und Legitimität von Konflikten ausgeblendet werden
... sach-orientiertes Tun	»Es geht mir nur um die Sache, und ich bin emotional nicht beteiligt bzw. engagiert!«	»Wenn Du nicht sachlich bleibst, wirst Du aufgesogen!«	Gefahr von Beziehungslosigkeit, Distanziertheit, wobei die Führung hinsichtlich entscheidender Informationen unbeteiligt bleibt
... sozial-orientiertes Tun	»Was zählt, ist die Stiftung von Verbindung und Verbundenheit zwischen den Menschen!«	»Wenn Du nicht Kooperation und Konsens stiftest, bis Du nichts!«	Gefahr einer Überbetonung des Beziehungsaspekts, wobei übersehen wird, dass dieser sich nicht losgelöst von der Sachaufgabe zu entwickeln vermag.
... ichbezogenes Tun	»Du bis dazu bestimmt, zu zeigen, was zu tun ist, und Richtung vorzugeben!«	»Lass Dich nicht infrage stellen, sonst bist Du nichts!«	Gefahr einer narzisstisch gestörten Verwechslung des Sachlichen mit dem Eigenen.

Tafel 24: Die inneren Stimmen der Führung

Diese »self-awareness« (»Selbstbewusstsein«) kann nicht allein durch kognitives Lernen entstehen, denn die gewachsenen Wahrnehmungs- und Verhaltensgewohnheiten lassen sich kaum durch bloße Einsicht oder gute Vorsätze überwinden. Erforderlich ist vielmehr eine längere Phase (im Rahmen eines Coachings), in der das Agieren ohne – oder mit anderen – inneren Stimmen geübt und »ausgehalten« werden kann.

Hierzu ist eine Auseinandersetzung mit den »ausgrenzenden Risiken und Nebenwirkungen« der inneren Stimme, der man bevorzugt folgt, hilfreich. Dadurch kann man sich von ihrer dominanten Bindung lösen und lernen, auch den anderen Stimmen Gehör zu schenken:

Ausgrenzende Risiken und Nebenwirkungen	Vermeidungsstrategien	Wiedergutmachungstechniken
beim ethisch orientierten Tun: Gefahr einer Idealisierung der Führung unter Ausblendung der Notwendigkeit und Legitimität von Konflikten	**fragend entwickelndes Führen:** gezielt nach anderen Einschätzungen und Wahrnehmungen fragen und eigene Positionen im Diskurs entwickeln, nicht »überstülpen«	Bisweilen fühlen sich Führungskräfte als Opfer »ungerechter« oder gar »undankbarer« Aktionen. *Hier gilt: Das Opfer muss wieder in Kontakt treten, um den Kontakt nicht absterben zu lassen!*
beim sachorientierten Tun: Gefahr von Beziehungslosigkeit, Distanziertheit, wobei die Führung hinsichtlich entscheidender Dimensionen des Miteinanders unbeteiligt bleibt	**teamentwickelndes Führen:** gezielt den Gruppenprozess sowie die Stimmungen und Bedürfnisse der Akteure im Blick behalten und ggf. in Supervisionen besprechen	Beziehungslose Führung wird häufig als arrogant und überheblich erlebt. *Hier gilt: Zeige Beteiligung auch in persönlichen Belangen der Kolleginnen und Kollegen!*
beim sozialorientierten Tun: Gefahr einer **Überbetonung** des Beziehungsaspekts, wobei übersehen wird, dass dieser sich nicht losgelöst von der Sachaufgabe zu entwickeln vermag	**standardorientiertes Führen:** in transparenter Weise mit Zielorientierungen und Zielvereinbarungen sowie Kennzahlen und Zeitleisten umgehen	In »Verbrüderungskontexten« haben es Führungskräfte bisweilen schwer, deutliche Anforderungen zu artikulieren und durchzusetzen. *Hier gilt: Führung lebt auch von einer klaren Abgrenzung der Verantwortungsbereiche!*

beim ichbezogenen Tun: Gefahr einer narzisstisch gestörten Verwechselung des Sachlichen mit dem Eigenen	**selbstreflexives Führen:** Grundsätzlich bedarf Führung auch nachdenklicher Phasen, in denen die Führungskraft sich selbstkritisch fragt, worum es ihr wirklich geht.	Oft finden Führungskräfte in belasteten Phasen keine Zeit zum distanzierten Durchdenken und Durchspüren von Problemen, Konflikten und Entscheidungen. *Hier gilt: Führung braucht Phasen der Nachdenklichkeit!*

Tafel 25: Vermeidungsstrategien und Wiedergutmachungstechniken

Regel 22: Kommunizieren Sie eleganter!

Es gab schon seit jeher Versuche, die menschliche Kommunikation zu verstehen und zu verbessern. Hierzu wurden Modelle entwickelt, die sich lange Zeit hielten, obgleich sie sich vielfach als zu schlicht und wenig hilfreich erwiesen. Dies gilt insbesondere für die aus der Informationstechnik stammenden Vorschläge, Kommunikation als einen Informationsübertragungsvorgang zu verstehen. Man nahm dabei an, dass die Qualität dieses Vorgangs – also mithin die Qualität der Kommunikation – von der Codierung durch den Sender, die Beschaffenheit des Übertragungskanals sowie die Decodierungskompetenzen des Empfängers abhänge (vgl. Simon 2010, S. 17). Obgleich sich diese technischen Beschreibungen als unzureichend für eine Darstellung der komplexen menschlichen Kommunikation erwiesen haben, prägen sie bis heute immer noch unser Denken und unser Verhalten in Kommunikationssituationen, obgleich die meisten Führungskräfte schon etwas von der Inhalts- und Beziehungsebene der menschlichen Kommunikation (Watzlawick et al. 1974) oder von den »vier Ohren«, durch die wir hören, und den »vier Schnäbeln«, mit denen wir reden (Schulz von Thun 1990), gehört haben.

»Das musst Du doch verstehen! Wie oft soll ich es Dir noch sagen?« – fragen wir mit besserer Artikulation und lauterer Stimme – so, als sei es dann besser zu verstehen. Und manchmal regen wir uns über das »Unverständnis« oder die Begriffsstutzigkeit des Gegenübers auf, rufen ihm vielleicht sogar erregt zu: »Rede ich denn Chinesisch?«, oder »Du kannst mich einfach nicht verstehen!« Dann bleiben wir in unserer – berechtigten oder vielleicht auch nur selbstgerechten? – Absicht, welche wir kundtun, übermitteln oder in einen Appell kleiden, regelrecht »hängen« –

enttäuscht, Schuld vorwerfend, beleidigt, bestürzt ... und wir bemerken gar nicht, wie kommunikationstheoretisch antiquiert wir dabei unterwegs sind: Es ist das Steinzeitniveau der eindimensionalen Kommunikation des »Ich habe es Dir doch gesagt!«.

In einem Artikel über die »neurobiologischen Grundlagen der Wissensvermittlung im Training« beschreiben Gerhard Roth und Monika Lück das Grundproblem der Kommunikation mit den Worten:

> »Warum ist das Vermitteln von Wissen oft so erfolglos? Ein wesentlicher Grund hierfür ist das Missverständnis, dass es bei diesem Prozess im Wesentlichen darum geht, Informationen vom Kopf des Lehrenden oder Trainers in die Köpfe der Zuhörer zu transportieren. Wäre dies der Fall, dann wäre effektives Lehren und Lernen ein reines Problem der akustischen Kommunikation, das heißt der Lehrende müsste nur laut und deutlich sprechen und die Zuhörer nur richtig zuhören. (...) Dies ist jedoch eine, wenngleich verständliche Illusion. Denn dasjenige, was der Sprecher oder Schreiber produziert und an das Ohr des Zuhörers und in das Auge des Lesers dringt, sind lediglich physikalische Ereignisse (Schalldruckwellen beim Hören, Verteilungen dunkler Konturen auf hellem Grund beim Lesen), die als solche überhaupt keine Bedeutung haben. Vielmehr entsteht diese Bedeutung auf höchst subjektive und individuelle Weise im Kopf bzw. im Gehirn des Zuhörers (...). Damit gesprochene oder geschriebene Worte und Sätze eine Bedeutung erlangen, muss das Gehirn des Empfängers über ein entsprechendes Vorwissen verfügen, es müssen also Bedeutungskontexte vorhanden sein, die den Zeichen ihre Bedeutung verleihen. Bedeutungen können somit gar nicht vom Lehrenden auf den Lernenden direkt übertragen, sondern müssen vom Gehirn des Lernenden konstruiert werden« (Roth u. Lück 2010, S. 40).

Diese Ausführungen zeigen überdeutlich, dass »Bedeutungen konstruiert werden (müssen)« (ebd.) und nicht »angewiesen« bzw. »unterwiesen« werden können. Wenn wir durch unsere »Ansagen«, Mitarbeitergespräche oder Instruktionen etwas bewirken wollen, müssen wir deshalb weniger unseren Input perfektionieren als vielmehr unser Kommunikationsverhalten. Wirksames Kommunizieren lebt von der Eleganz der Kommunikation. Diese ist durch folgende 10 Merkmale charakterisiert (nach: Arnold 2010c):

10 Kommunikationsregeln:

> 1. Lösen Sie sich von den Annahmen, Kommunikation diene lediglich der Übermittlung von Mitteilungen und dem Verstehen, und beobachten Sie, wie Sie (und andere) durch Kommunikation am sozialen Geschehen teilhaben und sich darum bemühen, in ihrer Kommunikation unterscheidbar zu sein!

Wenn es einem gelingt, in dieser neuen Weise auf Kommunikation als dem Stoff, aus dem Gesellschaft ist, zu blicken, dann fällt es einem auch nicht schwer zu akzeptieren, dass Verstehen der – unwahrscheinliche – Ausnahmefall und Missverstehen die Regel ist.

> 2. Wenn Sie etwas mitteilen, darlegen oder erklären wollen, dann lösen Sie Fragen aus! Vermeiden Sie die behauptende und beurteilende Rede selbst bei solchen Themen, in denen die Sachlage klar zu sein scheint!

Wenn wir wirkungsvoll kommunizieren wollen, müssen wir lernen, »vom anderen her« zu kommunizieren. Dies bedeutet, dass wir uns für *seine* Weise des Erkennens, Deutens und Lernens interessieren müssen. Diese können wir nur beobachten, und wir können uns bemühen, in Erfahrung zu bringen, wie er dabei vorgeht und welches seine inneren Bilder und Schwierigkeiten sind.

> 3. Vermeiden Sie den Appell – sowohl den offenen, wie auch den versteckten –, sondern schlagen Sie vor und laden Sie ein!

Wir können nicht gewährleisten, dass ein Appell wirklich so ankommt, wie wir ihn gemeint haben. Denn die Bedeutungen, welche eine Person einer Aufforderung oder Mitteilung zuschreibt, werden stets durch das komplexe Netzwerk der subjektiven Erfahrungen, Assoziationen und eigenen Absichten und Fragen gebrochen und kommen so an, wie es der Empfänger meinen kann.

4. Versuchen Sie nicht, den anderen zu überzeugen, sondern interessieren Sie sich für seine Verschiedenheit! Üben Sie sich im Umgang mit der Mehrdeutigkeit dessen, was Ihnen so eindeutig erscheint.

Weitere wichtige Regeln lauten:

5. Erliegen Sie nicht der Verständigungsillusion. Zusammenleben und Kooperation bestehen nicht nur aus Konsens, sondern auch aus Dissens. Üben Sie sich im Umgang mit Dissens!

6. Entwickeln Sie ein Gespür für die Kraft der Traditionen und sozialen Regeln im Kontext Ihrer Kommunikation!

7. Achten Sie auf die Art, in welcher Ihr Gegenüber durch seine Kommunikation in Erscheinung treten möchte!

8. Achten Sie auf die Art, in welcher Sie selbst durch Ihre Kommunikation in Erscheinung treten, werden Sie hellhörig für Feedbacks und fragen Sie sich nach den Risiken und Nebenwirkungen Ihrer Art für eine wirkungsorientierte Kommunikation!

9. Üben Sie sich in der Metakommunikation!

10. Schaffen Sie sich Raum für Nachbetrachtungen und Selbstreflexion!

Regel 23: Erfinden Sie sich Ihre »schwierigen Kollegen« neu und üben Sie den Emergenz-Blick!

Die neueren Veränderungstheorien, wie sie am MIT in Boston entwickelt wurden, stärken einen neuen Blick auf den Wandel. Dieser Blick ist intransitiver, nicht transitiver Art. Dies bedeutet, dass der Veränderung gewissermaßen das Objekt abhandengekommen ist. »Verändern« bezeichnet somit nicht länger eine Handlung, in der etwas verändert wird, sondern beschreibt einen Prozess, in dem sich das beobachtende und beurteilende Subjekt selbst verändert.

Die Basis dieses intransitiven Zugangs zur Veränderung ist eine erkenntniskritische Sicht der Dinge. Dies bedeutet: Kluge Führungskräfte blicken nicht mehr auf den sich ändernden oder zu verändernden Kontext, sondern lenken die Betrachtung auf die Frage, wie sie selbst zu ihren Beobachtungen und Beurteilungen gelangt – wohl wissend, dass Menschen sich mit ihren Beobachtungen »treu« zu bleiben versuchen: Lieber treten wir zum wiederholten Male mit unserer emotionalen und deutenden Interpretation der Lage bekannte Dynamiken, Krisen oder gar Trennungen los, als dass wir diese unsere Art der Wahrnehmung – oder sollten wir besser sagen: Wahr*gebung?* – problematisieren oder gar loslassen.

»Sie wollen mir doch wohl nicht sagen, dass ich mir meinen ›schwierigen Mitarbeiter‹ selbst konstruiere? Schließlich finden auch meine Kolleginnen und Kollegen, dass man mit Herrn Schubert nicht wirklich kooperieren kann!«, warf eine Führungskraft entrüstet ein, als wir in einem Workshop die Mechanismen der Wahrgebung detailliert erläuterten. »Ich kann ihm sagen, was ich will, doch er versteht es meist falsch oder gar nicht.« Eine Kollegin fügte hinzu: »Aber irgendwie hat der Schubert in unserem Team auch keine Chance mehr. Alle blicken in der fragenden Erwartung auf ihn, was er wohl als Nächstes nicht verstehen werde. Manchmal habe ich den Eindruck, dass der arme Mann eigentlich tun und lassen kann, was er will, er ist ›abgestempelt‹.« Einer der Coachs ergänzte: »Ja, das ist eine interessante Frage: Wie lassen Sie, das Team, den Kollegen überhaupt noch ›in Erscheinung treten‹? Vielleicht sollten wir uns die Zeit nehmen, alle gemeinsam das EMERGENZ-Blicken zu üben?«

Das EMERGENZ-Blicken ist eine ganzheitliche Betrachtung des Gegenübers, bei welchem zwei Blickweisen gleichzeitig angewandt werden: Das selbsteinschließende Blicken (Frage: »Wie blicke ich routinemäßig auf ›schwierige Mitarbeiter‹ und seit wann habe ich das?«) und das potenzialerschließende Blicken (Frage: »Was übersehe ich und warum?«).

Kluge Führung basiert zu großen Teilen auf den Fähigkeiten der Führungskräfte, emergent zu schauen. Das Emergenz-Blicken ist ein suchendes Schauen, welches sich beständig die Frage stellt, welche eigenen Erfahrungen in dem Urteil, welches sich mir aufdrängt, wieder einmal zum Ausdruck kommen wollen – mit dem Ziel, diese verzerrte Wahrnehmung des Gegenübers gewissermaßen stets in der Konstruktion der Wirklichkeit »in Abzug zu bringen«. Dadurch kann sich das Gegenüber tatsächlich verändern, d. h. in einer anderen Weise in Erscheinung treten.

Der Emergenz-Blick ist ein suchender Blick, der nicht nur auf das Gegenüber, sondern zugleich auf die eigenen inneren Prozesse blickt. Dadurch werden spontane Gewissheiten erschüttert, und das Vertraute kann sich neu zeigen.

Einen erster Selbst-Check, wie es um die eigenen Fähigkeiten beim emergenten Blicken bestellt ist, ermöglichen folgende Fragen:

Wie steht es um meinen Emergenz-Blick?		- -	-	+	+ +
Entrümpelung	Ich bin mir der »Altlasten« (alte Erfahrungen, Bilder etc.) meines Denkens, Fühlens und Handelns bewusst und habe erreicht, dass diese sich nur noch selten einmischen und meinen Blick trüben.				
Muster-brechen	Ich kann eigene Muster (spontane Urteilsbildung, Handlungsimpuls etc.) gezielt unterbrechen und ganz anders (als von mir selbst erwartet) reagieren.				
Entemotionalisierung	Es gelingt mir zu erkennen, wann Gefühle mein Urteil und mein Handeln zu bestimmen beginnen, und ich kann gezielt in die Nichtreaktion gehen und ein Downcooling einleiten.				
Ritualisierung	Ich habe feste Verhaltensroutinen entwikkelt, um mich von den Einflüsterungen meiner eigenen Emotionen und Erfahrungen sowie denen anderer zu distanzieren.				
Gegen-entwürfe	Ich bin in der Lage, ganz andere Erklärungen und Eindrücke zu dem Verhalten eines Gegenübers zu entwickeln als diejenigen, die sich mir spontan aufdrängen.				
Erwartungs-erwartung	Ich reflektiere die wechselseitigen Erwartungsverstrickungen und kann mich von ihnen lösen.				
Neu-konstruktion	Es gelingt mir, in Ruhe und Gelassenheit zu einer Neukonstruktion des zunächst Erwarteten oder gar Befürchteten zu gelangen.				
Zutrauen	Ich kann auch verzeihen und neues Zutrauen zum Gegenüber entwickeln, weil ich gelernt habe, den eigenen Bildern zu misstrauen und die Macht, die sie über mich haben, zu unterbinden.				

Tafel 26: Selbstcheck EMERGENZ

Führungskräfte, die das emergente Blicken geübt haben, sind zurückhaltender und auch zögerlicher in ihrem Urteil. Ihnen ist ihre »Voice of Judgement«, wie Peter Senge u. a. sie nennen, abhandengekommen. Und dadurch sind sie in der Lage, dem Rat von Senge und Kollegen zu folgen, wenn sie feststellen:[5]

> »In der Praxis erfordert die Loslösung Geduld und die Bereitschaft, das, was wir sehen, nicht in vorgefertigte Rahmen oder mentale Modelle zu zwängen. Wenn wir in der Lage sind, lediglich zu beobachten, ohne zu folgern, was unsere Beobachtung bedeutet, und wenn wir uns erlauben, trotz all der scheinbar unverbundenen Informationen, die wir sehen, zur Ruhe zu kommen, können schlussendlich neue Wege entstehen, um eine Situation zu verstehen« (Senge et al. 2005, S. 31).

Darum geht es dem emergenten Schauen. Diesem liegt eine Haltung zugrunde, in der sich die Führungskraft weniger sicher und beurteilend präsentiert, sonder fragender und beobachtender. Natürlich verschwinden dadurch nicht alle Schwierigkeiten, und es gibt auch weiterhin Menschen, die sich uns in den Weg stellen, nicht kooperieren oder uns gar sabotieren. Gleichwohl gilt:

Führungskräfte, die den emergenten Blick beherrschen, ersparen sich und anderen vorschnelle Urteile, endlose Wiederholungserfahrungen (Motto: »Ich habe immer wieder in regelmäßigen Abständen ähnliche Probleme in meinem Führungsalltag«), und sie können sich darin üben, durch eine gezielte »Umfokussierung« andere Aspekte am Gegenüber stärker hervortreten zu lassen und dadurch auch die Beziehung selbst zu verändern und so Führung überhaupt erst möglich werden zu lassen.

---

5 C. Otto Scharmer spricht in diesem Zusammenhang vom »Downloading«, durch welches wir das jeweils Neue an uns herantreten lassen. Er schreibt: »Unser Handeln und Denken basiert häufig auf Gewohnheitsmustern. Ein vertrauter Stimulus löst eine gewohnte Reaktion aus. Wollen wir jedoch zukünftige Möglichkeiten wahrnehmen und aus einer entstehenden Zukunftsmöglichkeit heraus handeln, bildet dieses ›Runterladen‹ ein Hindernis, da es zu einem ständigen Wiederholen von Mustern aus der Vergangenheit führt« (Scharmer 2009, S. 124).

Regel 24: Üben Sie sich in der Veränderung durch Selbstveränderung!

Die Einladung zur Selbstveränderung ist keine Aufforderung zum Selbstvorwurf und zum bereitwilligen Zurückweichen vor Widerständen, Konflikten oder gar Intrigen. Selbstveränderung ist vielmehr die einzige Veränderung, die in sozialen Beziehungen wirklich möglich ist, wenn man die Beziehung als solche aufrecht erhalten möchte oder ihr nicht ausweichen kann (z. B. als Untergebener oder selbst als Führungskraft). Diese schlichte Gegebenheit, dass es schwierig, wenn nicht gar unmöglich ist, andere zu verändern, akzeptieren wir in den Auseinandersetzungen und Konflikten unseres Alltags viel zu wenig. Immer wieder nehmen wir erneut Anlauf, um unsere Sicht der Dinge darzulegen und den anderen dazu zu überreden, uns doch endlich zu glauben oder sich unseren Vorstellungen anzuschließen. Demgegenüber gehen Kommunikations- und Hirnforschung unisono davon aus, dass weder Verstehen noch gezielte Interventionen wirklich möglich sind.

Welche Konsequenzen ergeben sich aus dieser Unmöglichkeit von Verstehen und Intervention für den Berufsalltag?

In dem Führungscoaching eines jungen Abteilungsleiters stellte dieser relativ gelassen fest: »Ich habe mich damit abgefunden, dass meine Leute dazu neigen, mich so zu verstehen, wie sie dies tun – man könnte auch sagen: wie sie wollen. Mittlerweile habe ich ganz gute Erfahrungen damit gemacht, mich nicht mehr darüber aufzuregen, wenn eine meiner Anweisungen nicht umgesetzt wird oder anders vorgegangen wird, als ich dies verlangt habe. Anfangs habe ich mich gegen diese ›Eigenmächtigkeiten‹ gestemmt, aber mittlerweile habe ich begriffen, dass ich anders vorgehen muss: Wo immer möglich, verständige ich mich auf Outcomes, d. h., ich präzisiere möglichst zahlenmäßig, wie viel ich bis wann erwarte und halte mich vollständig mit irgendwelchen Vorgaben bezüglich der Prozessgestaltung zurück. Für mich ist Führung die Kunst, genau dies zu tun: Wenn Du merkst, etwas geht nicht, dann beginne um Gottes willen nicht, mit verstärkter Anstrengung in der alten Manier fortzufahren, sondern ändere Dich bzw. Deinen Führungsstil. Und konkret habe ich – wie gesagt – gute Erfahrungen mit Kennzahlen gemacht, denn diese sind präzise, man kann sie nur so verstehen, wie sie sind, und einem selbst geht es dabei echt besser. Überwinden musste ich bei diesem Schritt – das will ich ehrlich zugeben – meinen eigenen Kontrollblick, denn ich war es gewohnt, dem Glauben anzuhängen, dass Menschen nur dann in der Lage sind, das Vorgegebene wirksam umzusetzen, wenn man ihnen sagt, wie das geht, und genau aufpasst, dass sie sich auch daran halten. Diese Fixierung auf den Prozess hat mich echt Kraft gekostet, und seit ich mich innerlich und auch in meinem Führungsstil davon lösen konnte, geht es mir wesentlich besser – und meinen Mitarbeiterinnen und Mitarbeitern auch – glaube ich.«

Dieses Beispiel zeigt sehr anschaulich, dass Selbstveränderung keiner einseitigen »Schuldverteilung« folgt, sondern in sich selbst ein wirksamer Weg zur Erreichung von Veränderungen bei anderen Menschen sein kann. Diese können sich verändern, wenn sie sich nicht gezwungen fühlen, sich erwartungsgemäß zu verhalten, sondern wenn sie selbst entscheiden können, wie sie sich mit einer Anforderung auseinandersetzen. Voraussetzung ist allerdings, dass Führungskräfte wirklich die Klugheit aufbringen, ihr eigenes Führungsverhalten nüchtern vom Erfolg her zu gestalten und nicht auf der Grundlage ihrer Bilder und Erwartungen, wie Führung inszeniert und respektiert werden sollte.

Kluge Führung ist so gesehen ein beständiges Ausprobieren oder – besser – Austarieren der Vorgabe-, Rahmungs- und Interventionsformen, welche eine Resonanz im Gegenüber zu erreichen vermögen, nicht die strikte Befolgung eines Lehrbuchs mit Führungstechniken.

Dieses Ausprobieren und Austarieren ist gleichwohl nicht ohne Referenzpunkt. Es ist die Wirkung, die zählt, nicht der »Gehorsam im Detail« – eine Lektion, die Führungskräfte immer wieder neu lernen müssen. Führung ist eine Operation »am offenen Herzen« von Teams und Organisationen bzw. an den in diesen offen zutage tretenden inneren Bildern, Bedürfnissen und Erwartungen anderer Menschen – eine Aufgabe, die nicht aus Betroffenheit, sondern bloß aus Distanz heraus besonnen und im Blick auf das Ganze wirksam gestaltet werden kann. Dies zeigt:

Kluge Führung lebt nicht allein von der inneren Flexibilität und Selbstveränderungsfähigkeit der Führungskräfte, sondern auch von ihrer Fähigkeit, beides gleichzeitig zu gestalten und auszubalancieren: die Nähe (zu den Fragen und Bedürfnissen der Mitarbeiter) einerseits und die Distanz (gegenüber den sich in sozialen Beziehungen häufig verstrickenden Erwartungserwartungen[6]) andererseits.

Die 10 »Gebote« einer klugen Führung
1. Sie müssen nicht recht behalten, sondern Wirkungen erzielen!
Dies ist eine schwierige Lektion, da Menschen dazu neigen, »nicht recht zu bekommen« mit mangelndem Respekt gleichzusetzen, obwohl beides – bei nüchterner Betrachtung – nichts miteinander zu tun hat.
2. Man kann kein Gesicht verlieren, welches man nicht hat!
Diese paradoxe Feststellung verweist darauf, dass unsere Erwartung, der andere möge doch gefälligst tun, was wir erwarten, nur dann enttäuscht werden kann, wenn diese tatsächlich möglich und damit gerechtfertigt wäre.

6 (Vgl. zur Erwartung und Erwartungserwartung sowie zur Reflexivität des Erwartens (von Schlippe u. Schweitzer 2009, S. 12 ff.)

3. Präzisieren Sie Ihre Erwartungen in Zahlen und Zeiträumen!
Zahlen sind leidenschaftslos. Aus diesem Grunde verschwindet viel Streit aus der Welt, wenn wir weniger reden und mehr (er)zählen.
4. Werden Sie unkränkbar: Tragen Sie nicht nach, denn das »nagt« an Ihrer Führungsenergie!
Führungskräfte beziehen letztlich ihr Geld dafür, dass sie »am offenen Herzen« von Individuen, Teams und Organisationen operieren. Wie kann man es da persönlich nehmen, wenn jemand stöhnt, schreit oder zurückschlägt?
5. Agieren Sie bei Zielabweichungen in klaren Wenn-dann-Ketten!
Führung braucht Verbindlichkeit. Deshalb können Zielabweichungen nicht einfach hingenommen werden, sondern müssen klar benannt werden und auch Konsequenzen mit sich bringen.
6. Planen Sie stets so, dass Sie möglichst eine zweite Chance einräumen können!
Verbindlichkeit ist der eine Pfeiler, auf dem eine kluge Führung ruht, antizipative Flexibilität der andere. Führung muss damit rechnen, dass Vorhaben trotz aller Bemühungen scheitern. Dann zeigt sich kluge Führung auch darin, dass ein weiterer Versuch gewagt werden kann.
7. Bereiten Sie stets eine Auffangstrategie vor!
Die beste Versicherung gegen das Scheitern mit den eigenen Zielen und Projekten ist ein Plan B. Wer keinen hat, ist selbst schuld, denn es ist nicht unwahrscheinlich, dass Aktivitäten misslingen und Termine nicht gehalten werden können.
8. Präsentieren Sie sich vielfältig und erwartungsenttäuschend!
Erwartungen legen fest und tendieren dazu, Flexibilität und Innovationen zu ersticken. Deshalb darf kluge Führung sich nicht (nur) an Erwartungen orientieren, sondern muss diese auch (immer mal wieder) enttäuschen.
9. Umgeben Sie sich mit Skeptikern, nicht mit Hofschranzen!
Hofschranzen streicheln die eigenen Vorlieben, Erwartungen und Eindrücke, Skeptiker mahnen – meist häufiger als nötig. Doch sie sind die wahren Freunde kluger Führer und Führerinnen.
10. Nehmen Sie die Zielerreichung nicht als selbstverständlich an, sondern loben Sie und üben Sie Wertschätzung!
Kluge Führung hält inne, feiert Triumphe und »belohnt« die Akteure. Wer nicht lobt und wertschätzt, sägt selbst den Ast ab, auf dem »sein« Erfolg sitzt.

Tafel 27: Zehn Gebote kluger Führung

Regel 25: Bringen Sie den »eiskalten Manager« in sich zum Schweigen und werden Sie zur menschlichen Führungskraft!

Führungskräfte werden täglich auch mit Situationen konfrontiert, in denen Sie um Rat gefragt werden. Nicht immer geht es dabei um bloße Informationen, Aufklärungen oder Entscheidungen. Häufig sind Führungskräfte auch gefragt, Konflikte zu schlichten oder auch Menschen in schwierigen Lebensphasen mit Gespür und Rücksichtnahme mit Rat und Tat zu begleiten. Dieser Hinweis erweitert das Bild der Führungspersönlichkeit um Dimensionen, die häufig in der Führungsforschung und in den Leadership-Modellen übersehen werden:

Die Führungskräfte sind für viele Mitarbeiterinnen und Mitarbeiter »signifikante Andere« (Mead 1934). Dies bedeutet, man fragt sie nicht nur fachlich um Rat, sondern bespricht mit ihnen auch persönliche Sorgen und Probleme – vor allem dann, wenn diese auch am Arbeitsplatz spürbar sind oder die berufliche Lebensplanung tangieren.

Der Schulleiter eines großen Oberstufenzentrums berichtete: »Als Leiter eines Lehrerkollegiums mit 350 Lehrkräften hat man es ständig mit 15–20 Krebskrankheiten zu tun. Nicht nur, dass diese Kolleginnen und Kollegen ausfallen und man Unterrichtsvertretungen organisieren muss. Nein: Es ist die menschliche Seite, die einen nicht schlafen lässt. Wie redest du mit jemandem, der dich darüber informiert, wie weit seine Erkrankung nun bereits fortgeschritten ist? Da kann man nicht amtlich bleiben, das sind ja Menschen, mit denen du es teilweise schon Jahrzehnte zu tun hast. Du weißt, dass Sie noch Kinder im Studium haben oder sich gerade scheiden ließen – mich überfordert es oft. Und es gab schon Tage, da musste ich zwei oder drei solcher Kollegen wieder aufbauen. In diesen Gesprächen kann ich alle Führungskonzepte vergessen. Denn die kommen zwar zu dir als ihrem Vorgesetzten, möchten dich aber als Menschen treffen!«

Kluge Führung weicht solchen Fragen nicht aus, sondern nimmt ihre Funktionen auch in dem Bewusstsein wahr, dass Führen eine Begleitung »ganzer Menschen« (mit ihren Sorgen, Einschränkungen, Ängsten etc.) ist. Diese Vermenschlichung ihres Tuns fordert Führungskräfte heraus, und sie erkennen, dass sie nicht nur für die Zielerreichung in ihrem Bereich allein zuständig sind, sondern auch für die Menschen, die sich um diese bemühen – eine Konstellation, die mit Sachorientierung und Rigidität allein nicht wirklich »mitarbeiterorientiert« gestaltet werden kann.

Führungskräfte sind auch die Anwälte ihrer Mitarbeiter. Sie sind nicht enttäuschbar und führen auf der Basis eines grundsätzlichen Vertrauensvorschusses und als Dienstleister für diejenigen, die einen nicht unerheblichen Teil ihrer Lebenszeit und Lebensenergie in das gemeinsame Tun investieren und dadurch auch ihre Identität und ihr Lebensprojekt zum Ausdruck bringen.

Es ist dieser Anspruch einer umfassenden Mitarbeiterorientierung, der mit grundlegenden Verhaltensanforderungen an kluge Führerinnen und Führer einhergeht, wie das folgende Beispiel zeigt.

»Ich sorge mich um das Wohlergehen ›meiner Leute‹«

Zu der Frage, was der Kern der eigenen Aufgabe sei, antwortete der Leiter eines Außenhandelnsunternehmens während eines Coachings: »Sicherlich bin ich eingebunden in Vorgaben und Zielerwartungen des Gesamtunternehmens, und ich hätte echte

Schwierigkeiten, wenn ich diese nicht umsetzen würde. Gleichwohl habe ich gelernt, mich bereits bei der Festlegung und Ausdifferenzierung dieser Vorgaben einzuschalten, wobei ich stark ›meine Leute‹ im Blick habe. Ich kümmere mich um das Wohl ›meiner Leute‹, d. h., ich überlege mir bereits zu diesem Zeitpunkt, was diese Anforderungen für sie bedeuten und wie wir diese Vorgaben mit dem, was sie können, umzusetzen in der Lage sind. Dabei musste ich mich schon verschiedentlich mit meinem Vorstand anlegen, um die Rahmenbedingungen, unter denen meine Mitarbeiter arbeiten, zu verbessern. Ich habe auch gelernt: Wenn die Kolleginnen und Kollegen erleben, dass Du auch auf ihrer Seite kämpfst, hast Du eigentlich kaum Führungsprobleme.«

Dieser Blick auf das eigene Tun als Führungskraft wird im Führungsalltag immer wieder überlagert durch ein Denken und Handeln, welches die Mitarbeiter zu anonymen Figuren auf dem Schachbrett strategischer Überlegungen zu reduzieren droht. Um dieser Anonymisierung entgegenzuwirken, ist die Meditationsübung »Die Lebenswelt der Mitarbeiter« eine wichtige Methode (siehe Tafel 28). Mit ihr können sich kluge Führer innerlich auf ihre Mitarbeiterorientierung fokussieren:

Meditationsfragen zur Reorientierung auf die Mitarbeiter
1. Wertschätzung neben Vorgabe
Ich sehe die Potenziale und Bemühungen der Mitarbeiter und Mitarbeiterinnen und spüre meine Dankbarkeit und Freude zu diesem Glücksfall. Ich würdige diese heute, indem ich .....
2. Eingrenzung der sich Abgrenzenden
Ich sehe auch die Bemühtheiten und Getriebenheiten derer, die es mir schwer machen, die meine Pläne durchkreuzen und sich an meiner Führung abarbeiten. Ich werde heute erneut auf sie zugehen, indem ich ...
3. Gespräch statt Mitteilung
Ich erliege nicht der Illusion, dass alles »gut läuft«, weil wir erledigen, was zu tun ist, und weiß, dass das Team auch das Gespräch und den Austausch mit der Führung braucht. Heute werde ich diesem Wunsch Rechnung tragen, indem ich ...

Tafel 28: Meditationsübung »Die Lebenswelt der Mitarbeiter«

Vereinzelt gibt es auch immer noch Stimmen, die die grundsätzlichen Gegensätzlichkeiten zwischen Führern und Geführten als unüberwindbar darstellen. Sie betrachten deshalb auch jegliche Mitarbeiterorientierung mit äußerster Skepsis und erkennen in ihr lediglich eine subtile Strategie der Täuschung von Mitarbeitern. Schließlich seien die Interessen von Führern und Geführten so unterschiedlich, dass allein die Mitarbeitervertretungen dafür zuständig sein könnten, die Anliegen der Geführten wirksam zu vertreten. Andere wenden sich gegen humanisierende Verkitschungen und behaupten, es sei heute völlig ausreichend, die Strategie eines »Management by Information« zu verfolgen, will man die Mitarbeiter wirklich als erwachsene Partner anerkennen und ihnen jegliche Form paternalistischer Fürsorge – die stets auch eine Anmaßung sei – ersparen.

Solche skeptischen Stimmen haben sich in der Führungsdebatte nicht durchgesetzt, zumal nicht überzeugend dargelegt werden konnte, wieso sich beides – Mitarbeiterorientierung *und* Information oder Mitarbeiterorientierung *und* Mitbestimmung – gegenseitig ausschließen sollten.

Kluge Führung folgt deshalb einem integrativen Ansatz und weiß: Mitarbeiterinnen und Mitarbeiter wollen wirksam mitbestimmen und gleichzeitig von ihren Führungskräften mit ihren Potenzialen, Fragen und lebensweltlichen Anliegen »gesehen« werden. Deshalb überzeugen kluge Führungskräfte durch eine sichtbar gelebte Mitarbeiterorientierung und eine kooperative Einstellung zu denen, die auf gesetzlicher oder tarifvertraglicher Basis dafür zuständig sind, sich für die Belange der Mitarbeiter »offiziell« einzusetzen.

Regel 26: Akzeptieren Sie die Grenzen der Führung und üben Sie sich im Dissensmanagement!

Kluge Führung erkennt Angriffe und Infragestellungen, nimmt diese aber nicht persönlich. Sie verfügt über das erforderliche Führungs-Know-how sowie die notwendigen Kompetenzen (systemische Selbstreflexions- und Veränderungskompetenzen), um auch mit Widerständen im Interesse des Ganzen wirksam umgehen zu können.

Eine in diesem Sinne »kluge« Führungskraft handelt somit nicht einfach so, wie sie es erlebt hat oder wie sie selbst glaubt, dass es nötig und sinnvoll sei. Ihr Verhalten ist vielmehr von einem Kompetenzprofil geprägt, welches sich im Wesentlichen aus folgenden Know-how- und Kompetenzelementen zusammensetzt (siehe Tafel 29).

Kompetente und systemisch »kluge Führung« gelingt nicht immer. Denn selbst »kluge Führungskräfte« sehen sich oft ratlos und wehrlos mit nicht enden wollenden Widerständen konfrontiert, gegen die sie mit ihren auf Konsens und Einigung oder gar Harmonisierung zielenden Interventionen nicht wirklich zurechtkommen. Häufig meiden sie auch die Machtdimension, die mit jedem Führungsanspruch auch unhintergehbar verbunden ist. Sicherlich, man kann auch mit Macht kein gewünschtes Verhalten »erzwingen«, da die Gegenübersysteme (Organisationen, Teams, einzelne Mitarbeiterinnen und Mitarbeiter) das tun, was sie aufgrund ihrer gewachsenen »Strukturdeterminiertheit« zu tun vermögen, doch bleibt davon die Aufgabe von Führung unberührt. Sie bleibt dafür zuständig, Organisationen, Teams und Einzelne mit »Soll-Ist-Differenzen« zu »versorgen« (Krusche 2008, S. 94) und die notwendigen Voraussetzungen für die Minimierung bzw. Überwindung dieser Differenzen bereitzustellen.

Kluge Führung benötigt Know-how und Kompetenz(en):	
Führungs-Know-how	Was sagen Führungsforschung und Führungstheorien zu den »Erfolgsfaktoren« des Führungshandelns?
	Wie ist Führung als zielorientierte Gestaltung mit den Konzepten der Personal- und Organisationsentwicklung einerseits sowie der Teamentwicklung und Weiterbildung andererseits theoretisch und praktisch verbunden?
	Wie lassen sich Projekte erfolgreich und nachhaltig planen und gestalten? Welche managementtheoretischen, sozialpsychologischen u. a. Konzepte und Strategien müssen dabei »berücksichtigt« werden?
Systemische Kompetenz	Welche Haltungen sind in Anbetracht der Unmöglichkeit zielsicherer Intervention in sozialen Systemen sowie ihrer Widerständigkeit hilfreich, und (wie) können sie gestärkt werden?
	Wie konstruieren Menschen (bzw. menschliche Gehirne) soziale Wirklichkeit, und wie mischen sich dabei die eigenen Erfahrungen und Gewissheiten ein?
	Wie kann man mit den Wirklichkeitskonzepten, Interpretationstendenzen und Eigenarten von Gegenübersystemen so umgehen, dass Kooperation sowie Veränderung und Entwicklung wahrscheinlicher werden?
Selbstveränderungs-Know-how und -kompetenz	Was sagen die Hirn- und Emotionsforschungen einerseits sowie die Beobachtungstheorien und Veränderungskonzepte andererseits zu der Frage, wie das eigene Denken, Fühlen und Handeln »funktionieren«?
	Wie lassen sich die verzerrenden Wirkungen des eigenen Gewissheits- und Beurteilungsblicks begrenzen bzw. reduzieren?
	Welche Gesprächs- und Kommunikationstechniken und -methoden helfen, um Eskalationen, Abbruch oder gar Emotionalisierung zu vermeiden?
Umgang mit Widerständen	Wie gehe ich mit Kritik und Infragestellungen (der Sache oder der Person) so um, dass nicht Kränkung, sondern Wirksamkeit das eigene Handeln bestimmt?
	Wie binde ich die sich kritisch oder abwehrend artikulierenden Motive im System ein?
	Wie grenze ich mich von Intrigen und Rigiditäten ab und trenne mich von erkennbar unsachlich motivierten oder gar neurotischen Anmaßungen, Illoyalitäten und Aktionen?

Tafel 29: Know-how und Kompetenzen

Voraussetzung dafür, dass dies gelingt, ist eine kooperative Fähigkeit der Gegenübersysteme, Zuständigkeiten, Machtbeziehungen, Aufträge und Kommunikationsangebote der Führung adäquat aufzugreifen. Diese Voraussetzungen können nur schwer in Rekrutierungsverfahren beurteilt und gewährleistet werden, zeigen sich die entsprechenden Fähigkeiten doch meist erst im Berufsverlauf selbst. Dann allerdings kann es zu Situationen kommen, in denen Konzepte der Führung sabotiert, Anweisungen nicht befolgt oder hierarchische Positionen aufgeweicht und durch informelle Gegenhierarchien (»Putschstrukturen«) ersetzt werden. Die Führung steht dann vor der Herausforderung, diese zentrifugalen Tendenzen zu begrenzen und den zutage tretenden Dissens wirksam zu markieren. Auch kluge Führung findet sich dabei immer wieder in der Situation, die Zugehörigkeitsfrage zu klären. Denn auch kluge Führung kann letztlich nicht führen, wenn andere Einheiten des Systems – aus systemischen Gründen, die *in* ihnen (in Selbstbildern und – enttäuschten – Selbstansprüchen, autoritären Selbststrukturen etc.) verankert sind. Deshalb gilt:

Kluge Führung nimmt nichts persönlich, kann allerdings auch klare Grenzen und notfalls auch Abgrenzungen handhaben. Führungskräfte sind dafür zuständig, die Überlebensfähigkeit des Ganzen zu sichern – um jeden Preis für die Integration auch derjenigen, die zwar die »Autonomie«, nicht aber die »Konditionen«[7] derselben in ihrem Organisationsverhalten zum Ausdruck zu bringen vermögen.

7 Der systemische Organisationsberater Bernhard Krusche spricht in diesem Zusammenhang von »konditionierter Autonomie« und markiert die paradoxe Anforderung, die diese für Führung mit sich bringt, mit den Worten: »Angesichts des Wegfalls der Möglichkeiten hierarchischer Pflichtnahme (›Da geht's lang!‹) stellt sich die Frage, auf welche Weise Führung die Aufmerksamkeit der einzelnen Bereiche so zu fokussieren in der Lage ist, dass diese nicht in permanenten Konflikt mit der Orientierung auf das Ganze geraten. Anstatt die Autonomie über simple Haltungen zu provozieren, muss Führung dazu übergehen, notwendige Autonomie so zu konditionieren, dass sie aus ihrer Eigenlogik heraus das Ganze mitträgt« (Krusche 2008, S. 117).

In einem Führungskräfteseminar berichtete der Leiter einer Auslandsniederlassung: »Ich muss zugeben, ich habe es meinen früheren Chefs nicht leicht gemacht. Bereits in meiner ersten Anstellung nach dem Studium hatte ich eigentlich sofort ein gespanntes Verhältnis zu meinem damaligen Chef. Deshalb wechselte ich die Stelle, und zum Abschied – als ich keine Rücksicht mehr nehmen musste – würgte ich ihm vor den Mitarbeitern noch mal so richtig eine rein. In meiner zweiten Stelle dauerte das länger. Aber nach einigen Jahren war ich es, der den Chef illoyal hinter seinem Rücken kommentierte und jeden Freiraum ausnutzte, um dessen Position zu schwächen. Schließlich wagte ich sogar die Machtprobe, indem ich Mitarbeiter auf meine Seite brachte und meinen Chef bei höheren Instanzen anschwärzte. Glücklicherweise funktionierte dies nicht, und ich war es, der das Feld räumen musste. Es dauerte einige Jahre, bis mir klar wurde, dass dieses ›fiese‹ Verhalten von mir eigentlich nur mit mir, d. h. meiner inneren Unfähigkeit, Autorität zu erleben und Freiräume loyal auszugestalten, zu tun hatte, statt mit diesem eigentlich sehr wohlgesonnenen Chef, der mich aufgebaut und gefördert hatte. Erst nach Jahren konnte ich ihm selbst mein Bedauern über mein damaliges Verhalten ausdrücken und damit dieses Muster in mir endlich vollständig aufgeben.«

Regel 27: Vermeiden Sie die Individualisierungs- und Personalisierungsfalle! Arbeiten Sie mit Synergiemarkern!

Kluge Führung nimmt – wie bereits festgestellt – nichts persönlich. Sie ist sich der Tatsache bewusst, dass sie es mit allen sozialen und persönlichen Gemengelagen zu tun hat, die üblicherweise in Organisationen auftreten, und vermeidet das lähmende Lamento, welches sie selbst zum Opfer widriger Umstände werden lässt. Kluge Führung weiß um die Vielfalt der Formen menschlicher Kooperation: Illoyalitäten und Intrigen zählen ebenso zu den ihr bekannten Erscheinungen, wie erfolgreiche Eigendynamiken bei einzelnen Teams oder Personen. Deshalb wittert kluge Führung auch nicht sofort hinter jeder Eigenmächtigkeit »Verrat«, sondern ist in der Lage, die positive Energie, die aus einem solch ungebremsten Engagement spricht, zu sehen und zur Synergie werden zu lassen.

Kluge Führung muss den eigenen Blick schulen, um rechtzeitig zu erkennen, um was es sich bei beobachtbarer Selbststeuerung, Eigendynamik und Kreativität im System tatsächlich handelt: um die Entstehung einer das Systemganze sprengenden Polyzentrizität oder um das lebendige Ausfüllen vorhandener Autonomieräume.

Dabei lassen sich einige Synergiemarker identifizieren, mit deren Hilfe man in der eigenen Interpretation und Beurteilung eines die eigenen Führungsabsichten durchkreuzenden Handelns gewissermaßen die Spreu vom Weizen zu trennen vermag:

Synergiemarker	
Sammle	Ein Verhalten kann nur dann wirklich als führungsgefährdend eingestuft werden, wenn es wiederholt auftritt. Werden Sie achtsam und sammeln Sie entsprechende Vorfälle, aber reagieren Sie nicht unmittelbar!
You-Vermeidung	Vermeiden Sie bei Zwistigkeiten Du-Botschaften, da diese schuldzuweisend sind und die eigene Position in eine Opferrolle bringen, die häufig mit Kränkung, Entrüstung und über das Ziel hinausschießenden Reaktionen einhergeht.
Nachfragen	Fragen Sie bei Infragestellung von Führungsvorgaben zunächst nach, was dies zu bedeuten habe, verdeutlichen Sie noch mal ihre Erwartung und zeigen Sie gegebenenfalls Grenzen und Konsequenzen auf.
Entdramatisierung	Missverständnisse, Führungskritik sowie Antipathien sind auch in Führungskontexten üblich. Deshalb schießen Sie nicht mit Kanonen auf Spatzen und meiden Sie Dramatisierungen, ohne jedoch Zwistigkeiten wegzuharmonisieren.
Rigiditätsvermeidung	Vermeiden Sie eigene Rigidität (Kleinkariertheiten, penibles Insistieren etc.) und reagieren Sie flexibel auf Zwanghaftigkeiten und Obsessionen – zwar mit deutlicher Grenzsetzung, aber zugleich einer nicht enden wollenden Freundlichkeit.
Gelassenheit	Beobachten Sie sorgfältig Ihre emotionalen Pegelstände und meiden Sie bei inneren Aufgeregtheiten und spürbarem Groll wichtige Gespräche und Entscheidungen. Legen Sie sich einen Downcooler zu.
Interpretationsvielfalt	Es gibt zu Vorfällen, Bemerkungen sowie verbalen und nonverbalen Signalen immer mehrere Interpretationen. Meiden Sie Verbündete, die stets ihre Sicht der Dinge stärken. Es langt zu wissen, dass alles auch ganz anders sein kann, und diesem Wissen gemäß zu agieren!
Entschlossenheit	Gleichwohl: Wenn Grenzen überschritten werden, Kooperation verweigert oder gar torpediert wird oder das Commitment zur Sache und ihrer Führungsrolle untergraben wird, ziehen Sie ruhig und entschlossen ihre Konsequenzen und teilen Sie diese dem Gegenüber mit. Dissens muss deutlich markiert werden, er kann nicht »unter dem Teppich« bleiben.

Tafel 30: Synergiemarker (SYNERGIE)

Regel 28: Lernen Sie, abschiedlich zu führen, und kümmern Sie sich um den Erhalt des Systems, für das Sie – vorübergehend – Verantwortung tragen!

Kluge Führung ist Entwicklungsgestaltung. Diese kommt ohne mittel- und langfristige Ziele und eine entsprechende Zukunftsorientierung der Akteure nicht aus. Bisweilen »vergessen« oder »verdrängen« Führungskräfte darüber jedoch die Grenzen ihrer eigenen Biografie. Diese folgt nämlich nicht nur der Logik des Aufbruchs und der immer fortschreitenden Entwicklung, sondern ist auch durch Abschiede und Rückzüge gekennzeichnet. In seinen Essays schreibt der Philosoph Montaigne (1533–1592):

> »Macht auch ihr anderen Platz, wie andere euch Platz gemacht haben. (…) Die Nützlichkeit des Lebens liegt nicht in seiner Länge, sondern in seiner Anwendung. Mancher zählt viele Jahre und hat doch nur kurz gelebt. Darauf seid achtsam, solange ihr da seid! Es liegt in eurem Willen, nicht in der Anzahl der Jahre, dass ihr hinlänglich gelebt habt. Dachtet ihr denn, ihr würdet nie da ankommen, worauf ihr beständig zugingt?« (Montaigne 1976, S. 27 f.).

Solche Texte lösen in Seminaren und in der Begleitung von Führungskräften oft Irritationen und Stirnrunzeln aus: Zu groß scheint vielen der Sprung aus den unmittelbar bedrängenden Themen ihres Führungsalltags zu den tiefen Fragen des eigenen Lebens und der eigenen Lebendigkeit. In einem Führungskräfteseminar entspann sich folgender Dialog:

»Also, mir ist diese Thematik zu düster. Ich lebe gut, solange es geht, und wenn es vorbei ist, ist es vorbei. Was soll ich mich bereits heute mit den Dingen befassen, die hoffentlich erst in vielen Jahren auf mich zukommen?« – so das Statement einer jungen Dame, die erst seit zwei Jahren in ihre Führungsposition aufgestiegen war. »Mir geht es da anders«, entgegnete ihr ein nicht wesentlich älterer Kollege aus einer anderen Abteilung ihrer Firma: »Vor zwei Jahren ist mein Bruder bei einem Autounfall tödlich verunglückt, und seitdem bin ich im Beruf, aber auch in der Familie, viel nachdenklicher geworden. Oft blicke ich auf meine Kinder und freue mich über jede Minute, die durch die Sanduhr rinnt – ohne Panik, aber schon mit dem deutlichen Bewusstsein, dass ich sie verpasse, wenn ich nicht ganz genau spüre, wie viel Glück und Energie sich hier gerade ausdrückt. Mich berühren deshalb die Zeilen von Montaigne tief, und ich bin auch viel umgänglicher und auch geselliger geworden – sowohl in meiner Familie als auch im Berufsalltag.« Ein älterer Kollege, der seit einem halben Jahr in Altersteilzeit gewechselt war, schaltete sich in diesen Dialog mit den Worten ein: »Mich beeindruckt ehrlich gesagt, wie bewusst Du als noch junger Kollege mit diesen Fragen der eigenen Endlichkeit und auch Brüchigkeit des Lebens umgehst. Ich musste erst 60 Jahre alt werden, bis ich zu begreifen begann, dass meine eigentliche Rolle die ist, mich allmählich zurückzuziehen und – im Interesse des Ganzen, um das wir uns ja alle bemühen und von dem wir leben – allmählich einer anderen Person Platz zu machen. Seit ich dies erkannt habe, gehe auch ich ganz anders mit den täglichen Anforderungen um, und ich kann Euch sagen: Ich bin dadurch auch irgendwie wirksamer geworden in dem, was ich tue.«

Sich stets den eigenen Abschied vor Augen zu halten und aus dieser Perspektive heraus das in Beruf und Familie Nötige zu tun – darauf hat ebenso Montaigne versucht hinzuweisen. Er schrieb bereits 1580 die Zeilen:

> »Sinnen auf den Tod ist Sinnen auf Freiheit. Wer Sterben gelernt hat, versteht das Dienen nicht mehr« (ebd., S. 16).

Es gilt aber auch der Satz: »Wer Sterben gelernt hat, versteht das Führen – im Sinne eines Anleitens, Beherrschens und Kontrollierens – nicht mehr, denn er verändert tief im Inneren auch seine Perspektive auf das Leben. Dieser Perspektivwechsel kann bewusst initiiert und erarbeitet werden, wofür folgende Fragen, die zugleich »Stufen zu einer abschiedlichen Führung« markieren, anregend sein können (siehe Tafel 31).

Wer diese Stufen einer abschiedlichen Führung denkerisch durchläuft, kann nicht von jetzt auf nachher die inneren Bilder und Antreiber seines Führungsalltags verändern. Gleichwohl ist er stärker sensibilisiert für den tieferen Sinn (und Unsinn) dessen, was ihm da so im Alltag widerfährt. Es lohnt sich, diese Stufen im Blick zu behalten und sie immer mal wieder in Gedanken zu gehen – in Phasen der Nachdenklichkeit und Distanzierung.

Sich in dieser Weise auf die Abschiede einzustellen, die uns bevorstehen, kann helfen, eigene Verbissenheiten und vielleicht sogar Rechthabereien zu reduzieren. Diese führen uns nämlich oft in ausweglose Lagen, indem sie uns eine Welt vermitteln, in der es Menschen gibt, die unsere Einschätzung teilen, und solche, die ihr widersprechen. Solche einfachen Lagerbildungen trennen uns häufig nicht nur dauerhaft von den anderen, denen es auch um die Sache geht, sondern führen auch dazu, dass viele Potenziale und Energien in Unternehmen und Organisationen wirkungslos verpuffen. Bisweilen jedoch spüren wir, dass wir in unseren Lagern nicht wirklich im Kontakt mit den kraftvollen Energien des Lebendigen sind. Denn diese Energien entstehen im Miteinander, nicht im Gegeneinander. Der Blick auf die Abschiedlichkeit des Lebens öffnet jedoch auch den Blick auf die Abschiedlichkeit der Kontrahenten. Was bleiben wird, sind nicht die Kontroversen und Konflikte, sondern das, was durch den besonnenen Einsatz unserer Kräfte entstehen und reifen konnte. Deshalb gilt:

Abschiedliche Führung öffnet den Blick auf das, was sich tatsächlich noch zu tun lohnt. Dadurch tritt das Synergetische hervor, während sich belanglose Gegensätze auflösen.

		- -	-	+	+ +
Achtsamkeit	Ich bin mir meiner auf das Ende zu rinnenden Zeitperspektive jeden Tag bewusst und weiß deshalb, wofür und wie es sich zu kämpfen lohnt.				
Bescheidenheit	Ich strebe nicht nach persönlichem Erfolg und Glanz, sondern sehe mich im Dienst um die Nachhaltigkeit des Systems, für das ich Verantwortung trage.				
Substanz	Ich beteilige mich ausschließlich an ernergiestiftenden Aktivitäten und meide Intrigen, eskalierende Konflikte und persönliche Auseinandersetzungen.				
Coolness	Mir ist nichts Menschliches fremd, und ich gehe gelassen mit Bosheiten und Hindernissen um, die sich mir in den Weg stellen.				
Hilfsbereitschaft	Ich frage mich täglich, welche Unterstützung und Begleitung die Menschen, für die ich Verantwortung trage, für ihr persönliches Wachstum benötigen.				
Identität	Ich weiß, wer ich bin und was ich kann, und ich muss mir (und anderen) deshalb auch nichts (mehr) beweisen. Jegliche narzisstische Bestrebungen sind mir fremd.				
Ernsthaftigkeit	Ich widme mich den zu lösenden Fragen mit voller Kraft und frage auch nach den Fragen und Bedürfnissen der Betroffenen (Kunden, Kollegen etc.).				
Dankbarkeit	Ich weiß, dass ich ohne die Chancen, die sich mir boten, und ohne meine Gesundheit und Kraft nicht das wäre, was ich heute bin. Dieses Glück sehe ich voller Dankbarkeit.				

Tafel 31: Stufen zu einer abschiedlichen Führung (ABSCHIED)

Regel 29: Misstrauen Sie Regeln und hinterfragen Sie Ihre eigene Regelhaftigkeit!

Auch Regeln sind Konstruktionen. Sie sind die geronnenen und verdichteten Erfahrungen und Reflexionen derer, die sie aufstellen und verbreiten. Gleichwohl kann man unterscheiden zwischen solchen Regeln, die über ihr Zustandekommen Auskunft geben und fragil, provisorisch und brüchig daherkommen, und solchen, die so tun, als hätten Sie universell Gültiges zu präsentieren.

Wirkliche Führungsregeln schreiben nicht vor, sondern regen dazu an, der eigenen – vielfach verborgenen – Regelhaftigkeit im Denken, Handeln und Tun auf die Spur zu kommen. Diese Regeln helfen, die eigenen Regelungsimpulse und das eigene Regelwerk besser zu verstehen und die Art und Anzahl der durch dieses eingeschränkten eigenen Handlungsoptionen zu vergrößern.[8]

Auch die Regeln einer klugen Führung sind in diesem Sinne reflexiver Art: Sie geben Impulse und Reflexionsanstöße, die Sachlage anders – systemischer sowie selbstreflexiver bzw. selbsteinschließender – zu betrachten und reaktionsgebremster zu agieren, doch meiden sie den Nimbus einer neuen Führungslehre. Vielmehr wird durch sie ein prinzipielles Misstrauen gegenüber jeglicher Art geschlossener Führungskonzepte gestärkt, durch welches Führungskräften der Appetit an solchen »von außen« auf sie zukommenden Handlungsempfehlungen ein für alle Mal verdorben wird.

---

8 Diese Zielrichtung greift den Imperativ von Heinz von Foerster (1993, S. 51) auf: „Handle stets so, dass du die Zahl der Möglichkeiten vergrößerst!“

Diese Enttäuschung ist ein notwendiger und auch hilfreicher Schritt, beendet sie doch die Täuschung, Führungsregeln seien losgelöst von der eigenen Person im Außen verborgen und müssten nur endlich einmal wahrgenommen und angewandt werden, dann werde sich der eigene Führungserfolg schon wie von selbst einstellen. Dieser in den Köpfen und Herzen so mancher Führungspersonen anzutreffenden Haltung hat selbst eine seriöse Führungsforschung nichts anderes anzubieten als folgenden ernüchternden, aber auch ermutigenden Hinweis: Es gibt keine wirksamen Führungsregeln außer denen, zu denen man sich selbst in einer konzentrierten Such- und Reflexionsbewegung als Führungskraft durchgearbeitet hat – nicht, indem man bleiben durfte, wer man ist, sondern indem man zu werden verstand, wer man sein könnte (vgl. Arnold 2010a; Hüther 2011a). Auch für eine kluge Führung gilt mithin der Satz von Erich Kästner (1899–1974):

> »Es gibt nichts Gutes
> Außer: Man tut es«
> (Kästner 1998, S. 277).

Diese Zeilen von Erich Kästner werden oft als Ermutigung zum Gutmenschentum missverstanden, wodurch sie banal und hohl erscheinen, aber auch wirkungslos bleiben. Der kästnerschen Lebensphilosophie wird eine solche Rezeption jedoch nicht gerecht. Diese war vielmehr leicht, undogmatisch und voller Selbstpersiflage – Stoffe, von denen sich auch eine »kluge Führung« inspirieren lassen kann. Deutlich wird dies in seinen Gedichten »Der Abschied« und »Variante zum Abschied«:[9]

> **Der Abschied**
> »Nun ich mich ganz von euch löse,
> hört meinen Epilog:

9 Erschienen in: Kurz und bündig. © Atrium Verlag, Zürich 1948 und Thomas Kästner. Abdruck mit freundlicher Genehmigung der Verlagsgruppe Oetinger.

Freunde, seid mir nicht böse,
dass ich mich selbst erzog!

Wer sich strebend verwandelt,
restlos und ganz und gar,
hat unselig gehandelt,
wenn er nicht wird, was er war!

Variante zum ›Abschied‹
»Ein Mensch, der Ideale hat,
der hüte sich, sie zu erreichen.
Sonst wird er eines Tages statt
Sich selber andren Menschen gleichen«
(ebd., S. 279).

Es ist die Ernüchterung über die im Außen und in sich selbst vorgefundenen Regeln, mit denen wir zurechtkommen oder eben nicht zurechtkommen. Wer als Führungskraft nicht zurechtkommt und mehr Verwirrung als Orientierung, Kraft und Perspektive verbreitet, hat keine andere Wahl, als die Regeln, die da am Wirken sind, zu entdecken und nach Möglichkeiten zu suchen, wie er besser funktionierende Regeln für sich und sein Tun entwickeln kann.

Diese Ernüchterung löst vielfach Überraschungen und Irritationen aus, wohl auch deshalb, weil sie Rezepterwartungen durchkreuzt und eine – ganz im Kästnerschen Sinne – paradoxe Metaregel nahelegt, die da lautet:

»Man kann nicht *nicht* regeln, aber man kann auch nicht regeln. Man kann lediglich die Regel befolgen, sich selbst und andere dabei zu beobachten, welcher eigenen Regelhaftigkeit sie in ihrem Denken, Fühlen und Handeln Ausdruck verleihen!«

Um in diesem Sinne zu lernen, Regeln zu misstrauen und eigene Regeln aufzuspüren, kann folgender Dreischritt empfohlen werden, der »Rezepte zur Vermeidung von Rezepten« beinhaltet:

Vermeiden Sie Rezepte!	
(A) Reflektieren Sie mentale Modelle (= Reflexion)	(1) Rezepte reduzieren Komplexität zulasten der Einmaligkeit und Spezifik von Situationen. Haben Sie Mut zur Situationsspezifik! (2) Mentale Modelle sind Brillen mit Scheuklappen (Fehler des Egozentrismus). (3) Rezepte sind geronnene mentale Modelle. (4) Suchen Sie Supervisions-, Coaching- und Beratungschancen!
(B) Rekonstruieren Sie die Systemik (= Analyse)	(5) Erzeugen Sie systematisch eine Vielfalt der Aspekte, Kraftfelder und Lesarten (»Lass das System sprechen«)! (6) Fragen Sie immer zunächst nach dem Problemlösungspotenzial der Systemkräfte.
(C) Gestalten Sie die Systementwicklung (= Handeln)	(7) Schaffen Sie systematisch Möglichkeiten zur Selbstführung! (8) Schaffen Sie Transparenz und bemühen Sie sich immer um (weitgehenden) Konsens, markieren Sie aber auch deutlich den Dissens! (9) Entwickeln Sie gezielt die Beziehungs- und Akzeptanzebene!

Tafel 32: Rezepte zur Vermeidung von Rezepten bei der Umsetzung systemischer Führung (aus dem Santiagoprinzip, nach Arnold 2009a)

Nachwort: Führungskräfte sind auch nur Menschen[10]

Die emotionale Tiefenstruktur des Erlebens ist auch stets mit berührt, wenn wir lernen, Leistungen erbringen, als Führungskräfte »uns zeigen« oder Autorität erleben und Begrenzungen erfahren. In solchen Situationen spürt der Mensch etwas von der Substanz, aus der er sein Selbstbewusstsein entwickelt. Diese Substanz ist das *Selbstwirksamkeitserleben*[11] in der Auseinandersetzung mit einem relevanten Gegenüber – z. B. einem strengen Eltern-Du. Dieses ist für die Entwicklung genauso wichtig wie das fürsorglich-zugewandte Eltern-Du. Denn erst, indem sich andere von uns abgrenzen, uns bewerten oder Feedback geben, uns Grenzen setzen oder uns mit Erwartungen konfrontieren, erleben wir uns »im Unterschied«, aus dem heraus wir uns selbst abzugrenzen und zu definieren lernen. Emotional prägende und bewegende Situationen sind deshalb stets solche, in denen wir an solche *Unterschiedserfahrungen* erinnert werden oder diese neu erleben.

Bekannt ist der Fall des Michael Kohlhaas, den Heinrich von Kleist in einer Novelle beschrieb. Dieser wird betrogen und kämpft daraufhin verbittert und keine Eskalation scheuend um sein Recht, wobei er sein Leben verliert. Sicherlich: Michael Kohlhaas ist tatsächlich Unrecht geschehen, doch seine unerbittliche Reaktion ist maßlos. In ihr bricht sich ein inneres Rigi-

---

10 Dieses abschließende Kapitel ist eine Überarbeitung und Weiterentwicklung der bereits als Arnold 2010b vorgelegten Ausarbeitung.

11 Für Albert Bandura hat »Self-Efficacy« viel mit Kontroll(aus)übung zu tun. Der Untertitel seines Buches lautet: »The Exercise of Control« (Bandura 1997).

ditätsmuster Bahn, welches mit der erduldeten Ungerechtigkeit nichts zu tun hat. Es gibt aber auch Kohlhaase, die ein vermeintlich erfahrenes Unrecht mit gleicher Vehemenz zu vergelten trachten – eine in Organisationen und Unternehmen durchaus vertraute Szenerie. Dabei können sich Selbstwertkrisen zu Organisationskrisen ausweiten, wenn z. B. ein emporstrebender und sich selbst überschätzender Mitarbeiter lieber die Organisation mit ins Verderben reißt, als sich der in diesem Verhalten zum Ausdruck kommenden Persönlichkeitskrise wirklich zuzuwenden: Dann ist die Welt, die einem das vermeintlich Zustehende verweigert, verantwortlich – häufig personifiziert in den eigenen Führungskräften, gegen die man mit Intrigen und Kampagnen zu Felde zieht (vgl. Kets de Vries 2004).

Die frühe Verankerung innerer Führungsbilder

In solchen und auch in den weniger konfliktiven Grundeinspurungen kommen auch die tragenden Charakteristika unserer Persönlichkeit zum Ausdruck, aus denen heraus wir auch in Führungs- und Lehrsituationen reagieren. Diese emotionalen Grundeinspurungen unseres Ichs haben wir bereits früh erworben: Dabei wurden wir vielleicht zu misserfolgsängstlichen Menschen, weil bereits früh von uns Leistungen erwartet wurden, die uns überforderten, weshalb wir an ihnen scheiterten – ohne dass wir in diesem Scheitern eine fürsorglich-zugewandte Unterstützung erleben konnten. Oder wir wurden zu grundsätzlich zuversichtlichen und zugewandten Menschen, da wir schon früh in einer Atmosphäre heranwuchsen, die uns das tragende Grundgefühl stiftete, dass uns – egal, was wir tun und wie erfolgreich wir damit tatsächlich sind – nichts geschehen kann, weil wir – so wie wir sind – geliebt und geschätzt werden und aufgehoben sind (vgl. Roth 2007, S. 24 f.).

Führungskräfte sollten in der Lage sein, »hinter die Fassade« der Menschen blicken zu können – bei sich selbst und anderen. Sie können nämlich ihrem Gegenüber in einer wertschätzenderen Form begegnen (vgl. Deissler u. Gergen 2004), wenn sie verstehen, in welcher emotionalen Suchbewegung sich dieses befindet. Dann wird der »klammernde« Schüler, die »chaotische Mitarbeiterin« oder der »intrigante Kollege« menschlich sichtbarer. Man kann dann leichter die Beurteilungsbrille ablegen, zu der wir oft automatisch greifen, wenn uns jemand mit seinem Verhalten stört oder irritiert. Gleichzeitig können Führungskräfte mit dem »Blick hinter die Fassade« aber auch sich selbst, d. h. ihrer eigenen emotionalen Suchbewegung auf die Spur kommen. Sie können erkennen, welchen Erfahrungen sie »treu bleiben«, wenn sie sich z. B. meist distanziert verhalten oder bestimmten Formalien (z. B. Anrede, Ordnung) eine solch übergroße Bedeutung zuschreiben, warum sie selbst so leicht zu »enttäuschen« sind und dann in eine grundsätzliche Abkehr vom Gegenüber flüchten. Wenn ihnen solche Selbsteinsichten zugänglich werden, dann kann auch eine neue – professionellere – Basis des Verstehens und des Umgangs mit den Kollegen, Mitarbeitern oder Lernenden bzw. dem Partner oder der Partnerin entstehen. Und vielleicht gelingt es einem ja sogar zu erkennen, was einen mit dem als schwierig empfundenen Gegenüber verbindet – denn im Grunde genommen »funktionieren« Menschen nach ähnlichen Mechanismen: Sie wollen so bleiben, wie sie sind, und sie geben sich immer und immer wieder die »lähmende Erlaubnis«: »Du darfst!« (Arnold 2009b, S. 10).

Jeder Mensch drückt seine emotionale Grundhaltung gegenüber der Welt bzw. den anderen auch körpersprachlich aus – dies gilt für eindeutige Gefühlszustände, in denen er sich befindet, ebenso, wie für seine Stimmungen oder sein Temperament. Es ist seine typische Haltung, sein Gang, seine Gestik und Mimik, die auch Auskunft darüber geben, in welchem Maße dieser Mensch – in bestimmten Situationen oder generell – emotional eingestimmt ist. Denn die ursprüngliche Ausdrucksform des Emotionalen sind die nonverbalen Signale bzw. die »Ausstrahlung« oder »Aura« eines Menschen, wie einige Psychologen dies nennen. In der Aura drückt sich unsere emotionale Energie aus, mit der wir in Erscheinung treten und uns die mögliche Wirklichkeit konstruieren. Das Gegebene kann dann nur so auf uns wirken, wie wir dies auszuhalten gelernt haben (vgl. Arnold 2005).

> Man kann seiner eigenen emotionalen Grundhaltung gegenüber der Welt auf die Spur kommen, wenn man sich den eigenen nonverbalen Auftritt rückmelden lässt. Bitten Sie einen Kollegen, Ihre typische Körperhaltung und ihren Gesichtsausdruck so zu zeichnen, wie beides auf ihn wirkt!

Zwar wird durch die neuere Hirnforschung die Bedeutung der kindlichen Erfahrungen für das Erwachsenverhalten vielfach bestätigt (vgl. auch Kaplan-Solms u. Solms 2003), doch lassen sich nicht bei jeder Führungskraft oder einer Mitarbeiterin, die in Konfliktlagen mit Klammer- und Kontrollaktionen reagieren, die Fortwirkungen unsicher-ambivalenter Trennungserfahrungen vermuten. Es ist nicht die Aufgabe von Führungskräften oder Ausbildungspersonal, solche Tiefendimensionen eines beobachteten Verhaltens im Gegenüber aufzudecken. Dies ist die Aufgabe von komplexen therapeutischen Begleitungen. Gleichwohl ist es hilfreich, um solche Zusammenhänge und Prägungen zu wissen, denn sie helfen uns, liebevoller auf den »schwierigen Mitarbeiter« (Lelord u. André 2008) zu blicken. Und vielleicht gelingt es uns auch, in einem »unmöglichen Verhalten« – z. B. Illoyalität, Anmaßung, Aggressivität, Überempfindlichkeit – auch das Schicksalhafte im Gegenüber zu erspüren und diesem mit Respekt zu begegnen. Denn:

In jedem Verhalten drückt sich das Bemühen des Gegenübers aus, mit sich selbst und seinem emotionalen Schicksal in einer inneren Balance zu bleiben, selbst wenn es dadurch Vergangenes wiederholt und sich und seine Umgebung in große

Schwierigkeiten bringt – vielleicht, ohne diesen Mechanismus zu durchschauen und ohne das eigene Verhalten wirklich ändern zu können.

Diese Verstehensfähigkeit, durch die wir in die Lage kommen, uns selbst und andere neu wahrzunehmen und ihm neu zu begegnen, ist das, was seit den 1990er Jahren auch in der deutschen Berufsbildungs- und Personalentwicklungsdebatte als emotionale Kompetenz bezeichnet wird. Daniel Goleman spricht in seinem Beststeller *Emotionale Intelligenz* davon, dass sich beständig »veraltete neuronale Alarmzeichen« (Goleman 1998a, S. 40), welche im Mandelkern des menschlichen Gehirns programmiert wurden, in unser Verhalten einmischen, wodurch der Mensch zu einer »ungenauen« Reaktion verführt wird:

> »Ähnelt die gegenwärtige Situation auch nur in einem wichtigen Element der Vergangenheit, kommt es vor, dass er (der Mandelkern; R. A.) eine Übereinstimmung meldet – und deshalb ist diese Schaltung ungenau. Sie gibt überstürzt den Befehl, auf die Gegenwart in einer Weise zu reagieren, die vor langer Zeit eingeprägt wurde, und zwar mit Gedanken, Emotionen und Reaktionen, die als Antwort auf Ereignisse erlernt wurden, die vielleicht nur eine schwache Ähnlichkeit mit der Gegenwart haben, aber ähnlich genug sind, um den Mandelkern zu alarmieren« (ebd., S. 41).

Man kann deshalb bereits an dieser Stelle definieren:

Emotionale Intelligenz ist das Wissen um die Kraft und die Wirkungsmechanismen des Emotionalen. Emotionale Kompetenz ist die Fähigkeit einer Person, ihre eigenen »ungenauen« Reaktionstendenzen zu erkennen und diese in aktuellen Geschehnissen zu vermeiden bzw. zu korrigieren. Emotionale Kompetenz setzt somit emotionale Intelligenz voraus.

Daniel Goleman zählt Folgendes zu den Fähigkeiten, die von der emotionalen Intelligenz einer Person zeugen: »Selbstbeherrschung, Eifer und Beharrlichkeit und die Fähigkeit, sich selbst zu motivieren« (ebd, S. 12). An anderer Stelle wird er noch präziser. Er zitiert die früheren Versuche von Peter Salovey – dem eigentlichen Schöpfer des Konzepts der Emotionalen Intelligenz –, einem Psychologen aus Yale, die emotionale Intelligenz genauer zu bestimmen (Salovey u. Mayer 1990). Dieser unterscheidet fünf Bereiche einer emotionalen Kompetenz und beschreibt deren charakteristische Elemente genauer:

Bereiche bzw. Aspekte »emotionaler Intelligenz«	**Charakterisierung**
Die eigenen Emotionen kennen	»Selbstwahrnehmung – das Erkennen eines Gefühls, während es auftritt – ist die Grundlage der emotionalen Intelligenz«. Die Fähigkeit, »seine Gefühle laufend zu beobachten, ist entscheidend für die psychologische Einsicht und das Verstehen seiner selbst. Wer die eigenen Gefühle nicht zu erkennen vermag, ist ihnen ausgeliefert. Wer sich seiner Gefühle sicher ist, kommt besser durchs Leben, erfasst klarer, was er über persönliche Entscheidungen wirklich denkt, von der Wahl des Ehepartners bis zur Berufswahl.«
Emotionen handhaben	»Gefühle so zu handhaben, dass sie angemessen sind, ist eine Fähigkeit, die auf der Selbstwahrnehmung aufbaut.« Es geht um die »Fähigkeit, sich selbst zu beruhigen, Angst, Schwermut oder Gereiztheit, die einen beschleichen, abzuschütteln (...). Wer darin schwach ist, hat ständig mit bedrückenden Gefühlen zu kämpfen, wer darin gut ist, erholt sich sehr viel rascher von den Rückschlägen und Aufregungen des Lebens.«
Emotionen in die Tat umsetzen	»Emotionen in den Dienst eines Ziels zu stellen, ist (...) wesentlich für unsere Aufmerksamkeit, für Selbstmotivation und Könnerschaft sowie für Kreativität. Emotionale Selbstbeherrschung – Gratifikationen hinausschieben und Impulsivität unterdrücken – ist die Grundlage jeder Art von Erfolg. Wer sich in den ›fließenden‹ Zustand versetzen kann, ist zu herausragenden Leistungen jeglicher Art imstande. Was er auch unternimmt, er macht es produktiver und effektiver«.

Empathie	»Zu wissen, was andere fühlen – eine weitere Fähigkeit, die auf der emotionalen Selbstwahrnehmung aufbaut – ist die Grundlage der ›Menschenkenntnis‹.« Es geht dabei um »die Wurzeln der Empathie, die sozialen Kosten des mangelnden Unterscheidungsvermögens zwischen verschiedenen Emotionen und die Gründe, warum Empathie Altruismus hervorruft. Wer einfühlsam ist, vernimmt eher die versteckten sozialen Signale, die einem anzeigen, was ein anderer braucht oder wünscht. Er wird in den Pflegeberufen, als Lehrer, Verkäufer oder Manager erfolgreicher sein.«
Umgang mit Beziehungen	»Die Kunst der Beziehung besteht zum großen Teil in der Kunst, mit den Emotionen anderer umzugehen.« Im Vordergrund stehen dabei Fragen der »sozialen Kompetenz und Inkompetenz und (die) spezifischen Fähigkeiten (...), um die es dabei geht. Sie sind die Grundlage von Beliebtheit, Führung und interpersonaler Effektivität. Diejenigen, die in diesen Fähigkeiten glänzen, sind erfolgreich in allem – was darauf beruht, dass sie reibungslos mit anderen zusammenarbeiten – sie sind ›soziale Stars‹.«

Tafel 33: Fünf Bereiche der »emotionalen Intelligenz« von Peter Salovey (nach: Goleman 1998a, S. 65 f.)

Unterwegs zu einer emotional resonanten Führung

Wie wir gesehen haben, handelt es sich bei Emotionen um – körperliche – Befindlichkeiten, die auf irgendeine subtile Weise die Wahrnehmung und bisweilen auch das Bewusstsein der Menschen trüben bzw. täuschen. So birgt für den Angstbefangenen eine Fahrt auf dem Sozius eines Motorrads eine andere Qualität des Wohlbefindens in sich als für einen Draufgänger. Ähnliches gilt auch für Gefühle der Trauer, der Freude oder Verärgerung, um nur einige der möglichen Gefühlsausdrücke anzusprechen: Stets handelt es sich um denselben Sachverhalt: Es geht um Stimmungen bzw. Gestimmtheiten von Personen, durch die diese ihre Wahrnehmung einer bestimmten Situation in ein bestimmtes Energielicht tauchen: Was den einen fasziniert, versetzt den anderen in Panik, was von den meisten bloß als unangenehm empfunden wird, stellt sich für andere als unüberwindbar dar. Der Psychoanalytiker Fritz Riemann charakterisiert solche inneren Bewegungen als »überwertig«, und er beschreibt, dass wir alle etwas »überwertig« in dem einen oder anderen Bereich empfinden und genau dies auch unsere Liebenswürdigkeit bzw. unsere Eigenart ausmache (Riemann 1998). Es gibt gleichwohl auch in Führungssituationen immer wieder Menschen, die sich durch ihre spezifische Überwertigkeit in eine schwierige Situation manövrieren und darunter leiden oder gar sich und ihren Familien Leid zufügen.

Wie können die Verantwortlichen solche emotionalen Selbstschädigungen in Lern- oder Führungsprozessen vermeiden helfen? Daniel Goleman hat sich in seinen weiteren Büchern mit solchen Formen einer »Emotionale Führung« beschäftigt (u. a. Goleman 1998b). In seinem Buch *Emotionale Führung* plädiert er für eine »resonante Führung« und schreibt:

> »Wenn Führungskräfte nicht die erforderliche Empathie aufbringen oder die Emotionen einer Gruppe nicht entschlüsseln können, erzeugen sie Dissonanz und vermitteln Botschaften, die die Empfänger unnötig aufregen« (Goleman et al. 2003, S. 39).

Er illustriert am Beispiel eines resonanten Führers, worin sich dessen emotional wirksame Führung auszeichnete:

> »Er stellte sich auf die Gefühle der Leute ein und lenkte sie in eine positive Richtung. Was er sagte, beruhte auf seinen eigenen Werten, sodass er authentisch und überzeugend wirkte. Er erzeugte Resonanz bei seinen Zuhörern, sodass sie seine Botschaft positiv aufnehmen konnten und sich zuversichtlich und inspiriert fühlten – selbst in einem schwierigen Moment wie diesem. Wenn eine Führungskraft Resonanz hervorruft, lässt es sich am Gesichtsausdruck der Menschen ablesen: Sie sind aufmerksam und interessiert und ihre Augen leuchten. (…)
>
> Resonante Führung lässt sich unter anderem daran erkennen, dass die Gruppe mit der optimistischen und begeisterten Energie des Anführers mitschwingt. Eine Maxime emotional intelligenter Führung lautet: Resonanz verstärkt und verlängert die emotionale Wirkung von

> Führung. Je stärker die Resonanz zwischen Menschen, desto besser ist ihre Verbindung. Resonanz minimiert den störenden Lärm im System. Ein Team bedeutet ›mehr Signale, weniger Lärm‹. Das Bindemittel, das die Menschen in einem Team zusammenhält und ihre Loyalität zu einer Organisation bewirkt, sind ihre Emotionen. (…) Es entsteht eine emotionale Bindung, die ihnen hilft, selbst in Zeiten grundlegender Veränderungen und Unsicherheit fokussiert zu bleiben. Darüber hinaus wird die Arbeit sinnvoller und befriedigender. (…) Eine emotional intelligente Führungskraft zeichnet sich dadurch aus, dass sie diese Art der Bindung innerhalb der Gruppe herstellen kann« (ebd., S. 39 ff.).

Diese Argumentation zeigt, dass Emotionale Führung ebenfalls Bindung stiftet. Dies bedeutet, dass Menschen während ihrer Ausbildung oder in der Kooperation am Arbeitsplatz eine Form des Umgangs erfahren können, die für sie neu und immer wieder aufs Neue ungewohnt ist. Durch dieses Bindungserlebnis kann die emotionale Ungebundenheit einzelner zwar nicht überwunden werden, sie erhalten jedoch einen Rahmen, der ihre emotionalen Ursprungserfahrungen nicht immer und immer wiederholt und verfestigt. In einer solchen Kultur können auch unsicher oder ambivalent gebundene Menschen allmählich lernen, sich anders im Verhältnis zu den anderen und zu den Anforderungen, die auf sie zukommen, zu erleben. Zwar neigen auch diese Menschen dazu, in ihrem Vorgesetzten wiederum das zu sehen, was sie schon immer tief in ihrer Seele »wussten« – und durch ihren fokussierten Blick finden sie auch immer wieder Bestätigungen über Bestätigungen. Doch allmählich kann auch ihnen nicht verborgen bleiben, dass ihre konkreten Führungskräfte ihnen etwas zutrauen, dass Fehler von diesen nicht geahndet, sondern als Lern- und Entwicklungschancen angesehen werden. Sie lernen allmählich, dass auch ihre Vorgesetzten ein wirkliches Interesse an ihnen und ihrer Entwicklung haben und sie niemals aufgeben.

Emotional Literacy für Führungskräfte

Voraussetzung für eine solche *Führungskultur der nachgeholten und erlebten Bindung* sind allerdings Führungskräfte, die selbst über emotionale Kompetenzen verfügen. Auch sie müssen die zur Wirkung drängenden inneren Reaktionen kennenlernen, um sie zu vermeiden. So muss man emotional lernen, auf die Provokation eines Untergebenen nicht mit bloßer Entrüstung und Maßregelung zu regieren, um diesem dadurch doch wieder das angedeihen zu lassen, was er kennt und wieder hervorrufen (»provocare«) möchte. Es bedarf einer emotionalen Diszipliniertheit des Führungspersonals, nicht aus der eigenen inneren Logik heraus zu reagieren, sondern aus der wohlverstandenen emotionalen Suche des Gegenübers. Dessen Provozierungen sind nicht selten Hilferufe seiner Seele: »Zeige Dich mir so, wie ich es gewohnt bin, damit geht es mir zwar schlecht, aber ich kenne mich damit immerhin aus.« Wer solche Provokationen im Führungsalltag bedient, der trägt dazu bei, dass die Akteure so bleiben »dürfen«, wie sie sind, und sich nicht in ihren Formen des Denkens, Fühlens und Handelns weiterentwickeln.

Resonante Führung von Mitarbeitern löst sich deutlich von dem vielerorts immer noch verbreiteten Stil, sich vornehmlich mit den Schwächen und Defiziten der anderen zu beschäftigen. Demgegenüber ist resonante Führung potenzialorientiert und folgt den Einsichten der sogenannten Positiven Psychologie (Seligman 2003):

Der Positiven Psychologie geht es darum, in Unternehmen gezielt die Voraussetzungen dafür zu schaffen, dass Menschen ihre Talente entfalten können, sich wertgeschätzt fühlen und über sich hinauszuwachsen lernen.

Hierfür haben Utho Creusen und Nina-Ric Eschemann einige Leitfragen formuliert, mit deren Hilfe es den Mitarbeiterinnen und Mitarbeitern gelingen kann, sich in ihren Potenzialen und im Hinblick auf die Entfaltung ihrer Stärken selbst einzuschätzen:

- »Auf welche Tätigkeiten habe ich mich heute gefreut?
- Was habe ich heute richtig gern gemacht, was hat mir Energie gegeben?
- Gab es heute eine Aktivität, nach der ich mich großartig gefühlt habe?
- Welche Gelegenheiten ergeben sich morgen, Dinge zu tun, die ich besonders gerne tue und gut kann?
- Wen kenne ich, der das, was ich gerne und gut tue, noch besser macht als ich, und was kann ich von dieser Person lernen?« (Creusen u. Eschemann 2010, S. 24).

Mithilfe einer durch solche Leitfragen initiierten täglichen Reflexion kann der Einzelne allmählich eine Art Routine erlangen, sich gezielter auf die Energie stiftenden Aktivitäten einzustellen und nicht nur die Zufriedenheit der Einzelnen durch Flow-Erlebnisse zu gewährleisten, sondern auch die von Martin Seligman beschriebene Widerstandsfähigkeit (»Resilience«), welche für die Entwicklung des Selbstvertrauens und der Potenzialentwicklung des Einzelnen von grundlegender Bedeutung ist (vgl. Frick 2007).

> Untersuchen Sie in ihrem Team folgende Fragen: Durch welche Maßnahmen kann sich die Führungskultur eines Unternehmens so wandeln, dass Menschen ihre Talente entfalten können, sich wertgeschätzt fühlen und über sich hinauszuwachsen lernen? Was bedeutet eine solche Zielorientierung für Ihre Rolle als Führungskraft?

Emotionale Führung setzt eine Reihe von Kompetenzen voraus, für deren Herausbildung und Entwicklung man einiges tun kann. Diese Kompetenzen helfen Führungskräften, selbstreflexiver und damit auch systemisch wirksamer zu führen.

Emotionale Alphabetisierung		
Information	1.	Informieren Sie sich darüber, welche Emotionen es gibt, aus welchem Stoff das Emotionale ist und wie Emotionen das Handeln der Menschen bestimmen!
Auswege	2.	Lernen Sie die 5 »Wege aus der Emotionsfalle« (z. B. »Antwortverschiebung«) kennen und üben Sie diese im täglichen Umgang!
Lernberatung	3.	Vermeiden Sie elternhaftes und/oder gar kränkendes Auftreten und stärken Sie Gefühle der Selbstwirksamkeit in Ihrem Gegenüber!
Emotionale Selbstreflexivität		
Selbstanalyse	4.	Identifizieren Sie die typischen Grundmuster Ihrer Seele. Entwickeln Sie eine Landkarte Ihrer bevorzugten Ich-Zustände für Ihr inneres Portfolio!
Loslassen	5.	Beschließen Sie, Ihren bevorzugten Ich-Zuständen nicht mehr zur Verfügung zu stehen und trainieren Sie Alternativen!
Wachstum	6.	Fassen Sie den Beschluss, in den Unterschied Ihrer Gewohnheiten (z. B. im Sinne von »inneren Exkursionen«) zu gehen!
Emotionale Resonanzfähigkeit		
Achtsamkeit	7.	Gehen Sie achtsam mit den unterschiedlich ausgeprägten emotionalen Kompetenzen Ihres Gegenübers um und vermeiden Sie Bewertungen!
Angstminderung	8.	Wirken Sie angstmindernd – auch und gerade angesichts beängstigender Lagen (z. B. Prüfungen)!
Bindungsarbeit	9.	Bemühen Sie sich um die Stärkung und Förderung der Bindungen und Beziehungen in Ihrem Team (z. B. Ausbildungsgruppe, Abteilung, Arbeitsgruppe) durch gezielte beziehungsstiftende Maßnahmen!
Integration	10.	Vermeiden Sie Ausgrenzungen! Lassen Sie niemanden zurück, befassen Sie sich gerade mit denen, die durch Provokationen auf sich aufmerksam machen, und fördern Sie gezielt Talente!

Tafel 34: Zehn Gebote Emotionaler Führung

Einer solchen Selbstreflexion geht es um die Übung eines distanzierten Blicks auf das eigene Denken, Fühlen und Handeln. Dadurch lernt der Einzelne, sich in gewisser Weise leidenschaftsloser zu sehen, denn er betrachtet sich ja von einem gewissen Abstand her und auch aus dem Gefühl heraus, sich nicht verteidigen zu müssen. Dem selbstreflexiven Blick fallen die Eigentümlichkeiten der eigenen Reaktion auf – häufig zumeist nach dem Reagieren, erst bei einer gewissen Übung auch bereits vor der Impulshandlung. Dem in der Selbstreflexion Geübten fällt es z. B. auf, wenn sein innerer Monolog nur ständig um eine Frage kreist, wenn sich innerlich Argumentationsketten oder Fantasien über »Befreiungsschläge« aufbauen und diese sich zu einem immer bedeutsameren Handlungsimpuls verdichten. Aus einer solchen aufgeladenen emotionalen Anspannung heraus werden Grundsatzerklärungen an Chefs verfasst oder Freunde und Partner mit konfrontativen Klärungen erstaunt.

Emotionale Selbstreflexivität bezeichnet die Fähigkeit, die eigenen emotionalen Tendenzen zu (er)kennen und sie peu à peu zu vermeiden. Wer um die Kraft der eigenen Emotionen und ihrer bevorzugten Einmischungen weiß, der streitet auch nicht um die Wirklichkeit, sondern nutzt aufwallende Gefühle, um sich von ihnen zu lösen. Er ist auch in der Lage, aus dem Unterschied zu seiner emotionalen Gewissheit heraus zu denken, zu fühlen und zu handeln.

Gleichwohl kann Selbstreflexivität »befreien«, nämlich dann, wenn es im Rahmen einer Selbstanalyse gelingt, die eigenen typischen Deutungs- und Emotionsmuster nicht nur zu dokumentieren, sondern diese auch allmählich loszulassen und Alternativen zu trainieren. Emotionale Führung lebt von einer Empathie derjenigen, die führen und begleiten, wobei gilt:

> »Die Grundlage der Empathie ist Selbstwahrnehmung; je offener wir für unsere eigenen Emotionen sind, desto besser können wir die Gefühle anderer deuten (Goleman 1998a, S. 127)«,

um uns auf diese beziehen zu können. Emotionale Führung basiert auf dieser Fähigkeit, die emotionale Lebenslage des Gegenübers zu erspüren und beeinträchtigende – negative – Emotionalisierungen zu vermeiden. Wer emotional zu führen versteht, ist in der Lage, sich mit dem Gegenüber in Beziehung zu setzen und auf diese Weise selbst dort Bindung zu stiften und Integration zu leisten, wo die Akteure selbst kaum wissen, was beides bedeutet – weil sie gelernt haben, sich in ihrem Leben vielleicht selbst als ungebunden und eher schwach integriert zu erleben.

> Emotionale Führung ist die Fähigkeit, von der emotionalen Welt des anderen her zu führen. Hierfür ist die Fähigkeit, die emotionale Lage des anderen in möglichst vielen Facetten zu erspüren und zu erkennen, eine grundlegende Voraussetzung, welche man aber nur entwickeln kann, wenn man in sich selbst die Einfärbungen durch das Emotionale in der eigenen Innenwelt aufgespürt hat.

Literatur

Argyris, C. u. D. Schön (2002): Die Lernende Organisation (2. Aufl.). Stuttgart (Klett-Cotta).

Arnold, R. (2005): Die emotionale Konstruktion der Wirklichkeit. Baltmannsweiler (Schneider).

Arnold, R. (2006): Personalentwicklung – neu gedacht. Pädagogische Materialien der TU Kaiserslautern 28.

Arnold, R. (2008): Führen mit Gefühl. Eine Anleitung zum Selbstcoaching. Mit einem Methoden-ABC. Wiesbaden (Gabler), 2. Aufl. 2011.

Arnold, R. (2009a): Das Santiagoprinzip. Systemische Führung im Lernenden Unternehmen. Baltmannsweiler (Schneider). 2., überarb. und erw. Aufl.

Arnold, R. (2009b): »Seit wann haben Sie das?« Grundlinien eines Emotionalen Konstruktivismus. Heidelberg (Carl-Auer).

Arnold, R. (2010a): Selbstbildung. Oder: Wer kann ich werden und wenn ja wie? Baltmannsweiler (Schneider).

Arnold, R. (2010b): Emotionale Führung. *Journal für Schulentwicklung* 14 (2): 31–39.

Arnold, R. (2010c): Zehn Regeln für eine elegante Gesprächskultur. *Personalführung* 43 (11b): 20–29.

Arnold, R. (2011): Veränderung durch angewandte Erkenntnistheorie. In: ders. (Hrsg.): Veränderung durch Selbstveränderung. Impulse für das Changemanagement. Baltmannsweiler (Schneider), S. 1–7.

Arnold, R. u. Y.Arnold-Hecky (2009): Der Eid des Sisyphos. Baltmannsweiler (Schneider).

Badura, A. (1997): Self-Efficacy. The Exercise of Control. New York (Freeman).

Baecker, D. (1994): Postheroisches Management. Ein Vademecum. Berlin (Merve).

Bartley, W. W. (1999): Wittgenstein – ein Leben. München (Matthes & Seitz).

Bell, A. (2006): Great Leadership. What it is and what it takes in a complex word. Boston/London (Davies-Black).

Blumenberg, H. (2010): Theorie der Lebenswelt. Berlin (Suhrkamp).

Bördlein, C. (2002): Das sockenfressende Monster in der Waschmaschine: Eine Einführung ins skeptische Denken. Aschaffenburg (Alibri).

Buber, M. (2002): Das dialogische Prinzip. Gütersloh (Gütersloher Verlagshaus).

Burkert, M. (2008): Qualität von Kennzahlen. Nutzung und Erfolg von Managern. Wiesbaden (Gabler).

Castells, M. (2004): Das Informationszeitalter. Bd. 1: Der Aufstieg der Netzwerkgesellschaft. Opladen (Leske + Budrich).

Coyle, D. (2009): Die Talent-Lüge. Bergisch-Gladbach (Lübbe).

Creusen, U. u. N.-R. Eschemann (2008): Zum Glück gibt's Erfolg. Wie Positive Leadership zu Höchstleistungen führt. Zürich (Gabler).

Creusen, U. u. N.-R. Eschemann (2010): Positive Leadership in der Unternehmenspraxis: Talente erkennen und zu stärken ausbauen. *Personalführung* 1: 21–25.

Csikszentmihalyi, M. (1999): Kreativität. Stuttgart (Klett-Cotta).

Deissler, K. G. u. K.-J. Gergen (Hrsg.) (2004): Die wertschätzende Organisation. Bielefeld (Diskurs).

Doppler, K. (2009): Über Helden und Weise. Von heldenhafter Führung *im* System zu weiser Führung *am* System. *Organisationsentwicklung* 2: 4–13.

Eade, D. (1997): Oxfam Development Guidelines: Capacity Building. An Approach to People Centred Development. Oxford (Oxfam).

Eckstein, R. (2010): »Wozu brauchen wir Kennzahlen?« Die Relevanz von Kennzahlen im System Schule. *Schulmanagement. Die Zeitschrift für Schulleitung und Schulpraxis* 2: 27–32.

Foerster, H. v. (1993): KybernEthik. Berlin (Merve).

Frick, J. (2007): Die Kraft der Ermutigung. Grundlagen und Beispiele zur Hilfe und Selbsthilfe. Bern (Huber).

Garcián y Morales, B. (1993): Die Kunst der Weltklugheit in dreihundert Lebensregeln. Wien (Neff).

Gaugler, E., W. Oechsler u. W. Weber (Hrsg.) (2004): Handwörterbuch des Personalwesens. Stuttgart (Schäffer-Poeschel).

Glasersfeld, E. von (2011): Theorie der kognitiven Entwicklung. Ernst von Glasersfeld über das Werk von Jean Piaget – Einführung in die Genetische Epistemologie. In: B. Pörksen (Hrsg.): Schlüsselwerke des Konstruktivismus. Wiesbaden (Verlag für Sozialwissenschaften), S. 92–107.

Goleman, D. (1998a): Emotionale Intelligenz. München (Hanser), 5. Aufl.

Goleman, D. (1998b): Working with Emotional Intelligence. New York (Bloomsbury).

Goleman, D. et al. (2003): Emotionale Führung. München (Ullstein).

Gutschelhofer, A. (2004): Mitarbeitergespräch. In: E. Gaugler, W. A. Oechsler u. W. Weber (2004): Handwörterbuch des Personalwesens. Stuttgart (Schäffer-Poeschel), S. 1221–1231.

Hamel, G. (2008): Das Ende des Managements. Unternehmensführung im 21. Jahrhundert. Berlin (Econ).

Happich, G. (2011): Ärmel hoch! Die 20 schwierigsten Führungsthemen und wie Top-Führungskräfte sie anpacken. Zürich Hentig, H. von (1993):

Die Schule neu denken. Eine Übung in praktischer Vernunft. München (Hanser). (Orell Füssli).

Horelli, L. (2003): Network Evaluation from the Everyday-Life-Perspective. A Tool for Capacity Building and Voice. (unveröffentl. Manuskript).

Hüther, G. (2011a): Was wir sind und was wir sein könnten. Ein neurobiologischer Mutmacher. Frankfurt (Fischer).

Hüther, G. (2011b): Belohnung ist genauso falsch wie Bestrafung. Ein Interview. *Managerseminare* 159: 44–46.

Institut der deutschen Wirtschaft (2011): Die Neuen sind willkommen. *iwd-dienst* 18: 4–5.

Institut der deutschen Wirtschaft (2011): Finden, fördern, festhalten. *iwd-dienst* 8: 8.

Joka, H. J. (Hrsg.) (2002): Führungskräftehandbuch. Berlin (Springer).

Jumpertz, S. (2011): Mit Zweifeln zum Ziel. Misstrauen als Methode. *Managermagazin* 159: 50–56.

Kaplan, R. S. u. D. P. Norton (2001): Die strategiefokussierte Organisation. Führen mit der Balanced Scorecard. Stuttgart (Schäffer-Poeschel).

Kaplan-Solms, K. u. M. Solms (2003): Neuro-Psychoanalyse. Eine Einführung mit Fallstudien. Stuttgart (Klett-Cotta).

Kästner, E. (1948): Kurz und bündig. Zürich (Atrium).

Kästner, E. (1998): Moral. In: Zeitgenossen, haufenweise. Gedichte. Werke, Bd. 11. München (Carl Hanser).

Keicher, I. (2011): Eine neue Arbeitskultur schaffen. *Weiterbildung. Zeitschrift für Grundlagen, Praxis und Trends* 2: 6–8.

Kets de Vries, M. (2004): Führer, Narren und Hochstapler. Die Psychologie der Führung. Stuttgart (Klett-Cotta).

Kets de Vries, M. (2006): The Leader on the Couch. A clinical approach to changing people and organizations. San Francisco (EPUB).

Kossak, P. (2009): Bildungsberatung revisited. Ein Strukturmodell zur Bildungsberatung. In: R. Arnold, W. Gieseke u. C. Zeuner (Hrsg.): Bildungsberatung im Dialog. Bd. 1: Theorie – Empirie – Reflexion. Baltmannsweiler (Hohengehren), S. 45–67.

Krusche, B. (2008): Paradoxien der Führung. Aufgaben und Funktionen für ein zukünftiges Management. Heidelberg (Carl-Auer).

Lang, K. (2004): Personalführung. Nicht nur reden, sondern leben! Methoden für eine erfolgreiche Kompetenz- und Potenzialentwicklung – mit praxiserprobten Instrumenten und Umsetzungsbeispielen. Wien (Linde), 2., überarb. u. erw. Aufl.

Lelord, F. u. C. André (2008): Der ganz normale Wahnsinn. Vom Umgang mit schwierigen Menschen. Berlin (Aufbau), 5. Aufl.

Löhr, J. (2010): Das Ende der Powerpoint-Parade. *Frankfurter Allgemeine Zeitung*, 17. 12. 2010.

Machiavelli, N. (1990): Der Fürst (1514). Frankfurt (Insel).
Mahlmann, R. (2011): Führungsstile gezielt einsetzen. Mitarbeiterorientiert, situativ und authentisch führen. Weinheim (Beltz).
Main, M. u. J. Solomon (1986): Discovery of a new, insecure-disorganized/disoriented attachment pattern. In: T. B. Brazelton a. M. Yogman, M. (eds.): Affective Development in Infancy. Norwood, NJ (Ablax), p. 95–124.
Malik, F. (2001): Führen – Leisten – Leben. Frankfurt (Campus), 11. Aufl.
Molcho, S. (2001): Körpersprache im Beruf. München (Goldmann).
Mead, G. H. (1934): Mind, Self and Society. Chicago (University Press) [dt. (2008): Geist, Identität und Gesellschaft aus der Sicht des Sozialbehaviorismus. Frankfurt am Main (Suhrkamp).]
Montaigne, M. de (1976): Essais. Frankfurt (Insel).
Neal, C. und P. Neal (2011): The Art of Convening. Authentic Engagement in Meetings, Gatherings and Conversations. San Francisco (Barrett-Koehler).
Neubarth, A. (2011): Führungskompetenz aufbauen. Wie Sie Ressourcen klug nutzen und Ziele stimmig erreichen. Wiesbaden (Gabler).
Nowotny, H. (1999): Es ist so. Es könnte auch anders sein. Frankfurt (Suhrkamp).
Ohly, S. (2011): Gutes Klima für neue Ideen. Eigeninitiative und Kreativität bei der Arbeit. *Weiterbildung. Zeitschrift für Grundlagen, Praxis und Trends* 2: 14–17.
Owen, H. (2008): The Spirit of Leadership. Führen heißt Freiräume schaffen. Heidelberg (Carl-Auer), 2. Aufl.
Piaget, J. (1975): L'équilibration des structures cognitives. Problème central du développement. Paris (PUF).
Pörksen, B. (2011): Schlüsselwerke des Konstruktivismus. Wiesbaden (Verlag für Sozialwissenschaften).
Precht, R. D. (2007): Wer bin ich und wenn ja wie viele? München (Goldmann).
Probst, G. (1987): Selbst-Organisation. Ordnungsprozesse in sozialen Systemen aus ganzheitlicher Sicht. Berlin (Parey).
Radatz, S. (2011): Wie Organisationen das Lernen lernen. Entwurf eines epistemologischen Theoriemodells organisationalen Lernens aus relationaler Sicht. Baltmannsweiler (Hohengehren).
Riemann, F. (1998): Grundformen der Angst. Eine tiefenpsychologische Studie. München (Reinhard).
Rohrschneider, U. u. M. Lorenz (2011): Der Personalentwickler. Instrumente, Methoden, Strategien. Wiesbaden (Gabler).
Roth, G. (2007): Persönlichkeit, Entscheidung und Verhalten. Warum es so schwierig ist, sich und andere zu ändern. Stuttgart (Klett-Cotta).
Roth, G. (2011): Bildung braucht Persönlichkeit. Wie lernen gelingt. Stuttgart (Klett-Cotta).

Roth, G. u. M. Lück (2010): Mit Gefühl und Motivation lernen. Neurobiologische Grundlagen der Wissensvermittlung im Training. Weiterbildung. Zeitschrift für Grundlagen, Praxis und Trends 1: 40–43.

Saldern, M. von (2010): Systemische Schulentwicklung. Norderstedt (Books on Demand).

Salovey, P. a. J. Mayer (1990): Emotional Intelligence. *Imagination, Cognition and Personality* 9: 185–211.

Sartre, J. P. (1960): Questions de méthode. Cillection idées. Paris (Édition Gallimard).

Scharmer, C. O. (2009): Theorie U. Von der Zukunft her führen. Presencing als soziale Technik. Heidelberg (Carl-Auer), 2., erw. Aufl. 2011.

Scharmer, C. O. u. K. Käufer (2011): Lernen als Begegnung mit dem Werdenden Selbst. In: R. Arnold (Hrsg.): Veränderung durch Selbstveränderung. Impulse für das Changemanagement. Baltmannsweiler (Hohengehren), S. 35–49.

Schlippe, A. von u. J. Schweitzer (2009): Systemische Interventionen. Göttingen (UTB).

Schmidt, S. J. (1988): Kreativität aus der Beobachterperspektive. In: H.-U. Gumbrecht (Hrsg.): Kreativität – ein verbrauchter Begriff? München (Fink), S. 33–52.

Schulz von Thun, F. (1990): Miteinander Reden 1: Störungen und Klärungen. Reinbek (Rowohlt).

Seligman, M. (2003): Der Glücksfaktor: Warum Optimisten länger leben. Bergisch Gladbach (Bastei Lübbe).

Senge, P. et al. (1996): Die fünfte Disziplin. Kunst und Praxis der lernenden Organisation. Stuttgart (Klett-Cotta), 2. Aufl.

Senge, P., A. Kleiner, C. Roberts, R. Ross a. B. Smith (2000): The Dance of Change. Die 10 Herausforderungen tiefgreifender Veränderungen in Organisationen. Wien (Signum).

Senge, P., O. Scharmer, J. Jaworski a. B. Sue Flowers (2005): Presence. Exploring profound Change in People, Organizations and Society. New York (Doubleday).

Senge, P., B. Smith, N. Kruschwitz, J. Laur a. S. Schley (2011): Die notwendige Revolution. Wie Individuen und Organisationen zusammenarbeiten, um eine nachhaltige Welt zu schaffen. Heidelberg (Carl-Auer).

Sennett, R. (2011): Schlauer als der Chef erlaubt. Die mächtigen sind selten die Klügsten: Trotz moderner Kommunikationsmittel wird wertvolles Wissen häufig vergeudet. *Die Zeit*, 24. 3. 2011.

Siefer, W. (2009): Das Genie in mir. Warum Talent erlernbar ist. Frankfurt (Campus).

Simon, F. B. (2010): Die Kunst, nicht zu lernen und andere Paradoxien in Psychotherapie, Management, Politik …. Heidelberg (Carl-Auer), 5. Aufl.

Simon, W. (2004): GABALs großer Methodenkoffer. Grundlagen der Kommunikation. Offenbach (Gabal).

Staehle, W. (1989): Management. München (Vahlen).

Stringer, P. M. (2008): Capacity Building for School Improvement: A Case Study of a New Zeeland Primary School. (Paper presented at the Asia-Pacific Educational research Conference. National Institute of Education. Singapore).

Varela, F. et al. (1992): Der mittlere Weg der Erkenntnis. Der Brückenschlag zwischen wissenschaftlicher Theorie und menschlicher Erfahrung. Bern (Scherz).

Varga von Kibéd, M. (2008): Vorwort. In: S. de Shazer u. Y. Dolan: Mehr als ein Wunder. Lösungsfokussierte Kurztherapie heute. Heidelberg (Carl-Auer).

Vasek, T. (2011): Die Weichmacher. Das süße Gift der Harmoniekultur. München (Hanser).

Walenta, C. u. E. Kirchler (2011): Führung. Wien (Facultas).

Watzlawick, P., J. H. Beavin u. D. D. Jackson (1974): Menschliche Kommunikation. Formen, Störungen, Paradoxien. Bern (Huber), 4. Aufl.

Weick, K. E. u. K. M. Sutcliffe (2010): Das Unerwartete Managen. Wie Unternehmen aus Extremsituationen lernen. Stuttgart (Schäffer-Poeschel), 2. Aufl.

Wittgenstein, L. (1963): Tractatus logico-philosophicus. Logisch-philosophische Abhandlung. Frankfurt (Suhrkamp).

Zimmer, K. (1999): Gefühle – unser erster Verstand. München (Diana).

Über den Autor

Rolf Arnold, Prof. Dr., Professor für Pädagogik; Wissenschaftlicher Direktor des Distance and Independent Studies Centre (DISC) an der TU Kaiserslautern; Verwaltungsratsvorsitzender des Deutschen Instituts für Erwachsenenbildung (DIE, Bonn) sowie systemischer Berater im nationalen und internationalen Rahmen (Schwerpunkte: Führungskräfte, Bildungssystementwicklung). Lehrtätigkeiten an den Universitäten Bern, Heidelberg und Klagenfurt sowie an der Pädagogischen Hochschule Luzern. Veröffentlichungen u. a.: *Aberglaube Disziplin* (2007), *Ich lerne, also bin ich* (2007), *Seit wann haben Sie das?* (2009), *Wie man ein Kind erzieht, ohne es zu tyrannisieren – 29 Regeln für eine kluge Erziehung* (2011), *Wie man lehrt, ohne zu belehren. 29 Regeln für eine kluge Lehre* (2012).

Kontakt: www.uni-kl.de/paedagogik